수목별 배식 계획을 알 수 있는

식재 디자인 대도감

야마자키 마사코 지음 | 이지호 옮김

TREES AND PLANTS
ENCYCLOPEDIA

한스미디어

"정원에 보기 좋게 나무를 심었으면 좋겠는데, 식재(植栽) 디자인에 관해서는 아는 게 없으니…. 그렇다고 너한테 부탁할 만큼 정원이 넓은 것도 아니고…."

친구로부터 이따금 의뢰를 하는 것인지 상담을 원하는 것인지 알 수 없는 알쏭달쏭한 전화가 오는 경우가 있다.

내 집을 갖는 것은 누구에게나 평생의 꿈이다. 그 꿈을 이루기 위해 작은 땅을 마련했다면 효율을 생각해서 그 부지에 최대한 넓고 큰 건물을 지었으면 하고 바랄 것이다. 따라서 정원이라고 부를 만한 공간은 아주 좁을 수밖에 없다. 그런데 그 얼마 안 되는 공간이라도 어떻게든 나무를 심어 조금이라도 쾌적하게 생활할 수 있는 공간을 만들어 주고 싶은 것이 건축가의 마음이다.

그래서 이런 전화를 받을 때면 나도 모르게 건축 부지의 조건이나 그 집에 살 사람 혹은 건축가가 추구하는 정원의 모습을 물어보게 된다.

"정원 크기는 어느 정도야?", "햇볕은 잘 들어?" 같은 환경에 대한 질문을 시작으로, "어떤 스타일을 좋아해?", "관상용 정원을 원하는 거야, 뭔가를 키우고 싶은 거야? 아니면 집의 상징이 되는 장소를 만들고 싶은 거야?" 같은 식재 디자인의 방향성이나 "최대한 손이 덜 가는 정원이었으면 좋겠어, 아니면 정원을 가꿀 각오도 어느 정도 하고 있어?" 등을 물어보는 것이다. 그런 다음 나도 모르는 사이에 수목 2~3종류의 이름과 함께 그 정도라면 공사비는 얼마까지는 생각해야 한다는 식으로 조언을 해 주고, 마지막으로 "고마워! 상담료(디자인료?)로 저녁 한 끼 대접할게!"라는 감사의 말을 들으며 통화를 마치곤 한다. 식재 디자이너 입장에서는 참으로 슬픈 결말이다.

그런데 이런 전화를 종종 받다 보니 문득 이런 의문이 들었다. 이런 식으로 식재 디자인에 관해 부담 없이 상담할 수 있는 상대가 주변에 없는 사람들은 대체 어떻게 정원을 꾸밀 생각을 하고 있을까? 바로 이런 의문점이 이 책을 내게 된 계기였다.

식재 디자인에 대한 정보가 부족한 사람들은 무엇부터 시작해야 할지 감이 잡히지 않아, 일단 식물도감을 넘기면서 적당한 수종을 결정한다. 그러나 나무를 심었다고 해서 그것으로 끝이 아니다. 나무는 엄연한 생물이라서 끊임없이 변화한다. 계절마다 변화하고, 나이를 먹을수록 점점 성장한다. 공간이 작다면 더더욱 이 점을 의식하고 심어야 한다. 안 그러면 기껏 심은 나무가 시들거나 반대로 예상보다 더 울창하게 자라서 햇볕을 가리는 바람에 방이 어두워지는 일이 생기는 등 처음에 구상했던 이미지와는 너무나 다른 공간이 되고 만다.

이를 위해 나무 심기나 가꾸기에 관한 지식이 거의 없는 사람들도 '합리적'인 정원 식재 디자인을 할 수 있도록 꼭 필요한 정보만 정리해 제공한다는 것이 이 책을 집필할 때의 기본적인 원칙이었다. 여기에서 포인트는 합리적이어야 한다는 점이다. 각각의 수목들의 특성을 파악해 적절한 종류와 양의 나무와 풀을 배치하고, 그곳에서 쾌적하게 생장할 수 있는 환경을 디자인하는 것이야말로 그 집에 사는 사람은 물론 주변 이웃이나 동네에도 유익한 공간을 만드는 길이라고 생각한다.

처음에 이 책을 쓸 때만 해도 개정판을 내게 되리라고는 전혀 생각하지 못했다. 자신만의 정원을 디자인해 보고 싶은 사람들에게 이 책이 조금이라도 도움이 되기를 간절히 기원한다.

2019년 4월
야마자키 마사코

목차 | Contents

중목 · 고목 도감

상록수

낙엽수

특수 수목(대나무류/야자류)

〈일러두기〉

※ 식물의 명칭은 국가표준식물목록(http://www.nature.go.kr/kpni/index.do)에 따랐습니다. 학명이 검색되지 않는 경우 위키피디아(https://www.wikipedia.org)를 참고했으며, 국내 명칭을 확인할 수 없을 때는 한자어를 그대로 사용하거나 임의로 명칭을 붙이고 색인에 학명을 달았습니다.

※ 식재 배치도에서 수고(H)가 표시된 것은 그루로, 화분 단위로 팔거나 지피로 분류한 것은 포기로 표기했습니다.

※ 이명(별명)을 확인하기 어려운 경우는 ――로 표기했습니다.

4단계로 완성!

식재 디자인의 '비밀' 테크닉

Planting Design Secret Technique

정원 식재 디자인을 하고 싶지만 무엇부터 시작해야 좋을지 도저히 감이 잡히지 않는 사람이 적지 않다. 적당히 이 나무 저 나무를 골라서 배치해 도면(식재 배치도)을 완성했지만 다시 들여다보니 여러 종류의 수목이 무의미하게 흩어져 있을 뿐인 어수선한 정원이 되어 있는 경험을 한 사람도 있을 것이다. 좋은 식재 디자인을 하려면 약간의 요령이 필요하다. 그 요령만 숙지한다면 누구나 자연스럽고 통일감 있는 정원을 디자인할 수 있다.

[1단계]
수목의 크기를 결정한다

식재 디자인을 할 때는 가장 먼저 그 공간에 어떤 크기(수고: 나무의 높이)의 수목을 심을 것인가를 결정해야 한다.

식물도감을 보면, 분명히 정원수로 많이 사용되는 수목인데 가령 '수고 15미터'라고 기재되어 있는 경우가 있다. 수고가 15미터나 되는 나무라면 규모가 큰 공원이나 어지간히 부지가 넓은 곳이 아닌 이상 심기 어려울 텐데, 어떻게 정원수로 많이 사용되는 것일까? 사실 도감에 기재된 수고는 자연 속에서 자생한 자연목의 평균적인 높이를 의미한다.

반면 식재 디자인에서 중요한 '크기'는 정원수로 사용했을 때 어느 정도 높이에서 수형이 잡히고 보기 좋은가 하는 기준의 높이다. 물론 수목은 살아 있는 생물이다. 정원수라고 해도 조건이 잘 갖춰지면 계속 자라서 거대해진다. 따라서 식재 디자인상의 수고에 맞추려면 가지치기를 통해 관리해 줄 필요가 있다.

수목의 높이를 분류하는 방법은 다양하다. 예를 들어 흔히 사용하는 '고목(高木)', '중목(中木)' 같은 구분은 도감에 따라 그 기준이 다르다. 그래서 이 책에서는 다음과 같은 높이 기준으로 분류했다.

이 책의 수고 분류

- 고목(高木) | 3미터 정도에서 수형이 잡힌다
- 중목(中木) | 2미터 정도에서 수형이 잡힌다
- 저목(低木) | 0.6미터 정도에서 수형이 잡힌다
- 지피(地被) | 화초, 잔디, 조릿대류

NUMBERS

1

실제로 심을 수목의 높이를 결정할 때는 몇 층에 있는 방에서 그 정원을 감상할 계획인지가 중요하다. 예컨 대 3미터 이상에서 수형이 잡히는 수목의 경우, 1층 거 실에서 바라보면 줄기와 밑가지만 눈에 들어올 뿐 수 목 전체의 형태를 즐길 수가 없다. 반대로 낮은 높이에 서 수형이 잡히는 정원수의 경우 2층에서 정원을 감상 하면 그 매력이 반감되고 만다.

일반적으로 1층에서 감상하기에 적합한 나무는 3미터 전후에서 수형이 잡히는 중목·고목이며, 2층에서 감 상하기에 적합한 나무는 3미터 이상에서 수형이 잡히 는 고목이다.

층과 수고의 관계

· 2층의 방에서 정원수를 감상하고 싶다:

　수고 3미터 이상의 고목

· 1층의 방에서 정원수를 감상하고 싶다:

　수고 2~3미터 정도의 중목 · 고목

[수목의 높이 기준 비교]

| 지피 | 저목 | 중목 | 고목 |
| 0.1~0.3m | 0.5~1.2m | 1.5~2.5m | 3m~ |

[2단계]
식재할 공간을 기준으로 심을 수 있는 수목의 수를 결정한다

심을 수목의 크기가 결정되었다면 다음에는 녹지의 넓이를 결정하고 그 공간에 높이가 어느 정도인 나무 를 몇 그루 심을 수 있을지 확인한다.

수목은 저마다 생장하기 위해 필요한 공간이 정해져 있다. 일반적으로 지상에 나와 있는 부분을 지탱하려 면 지상의 가지가 뻗은 너비만큼 뿌리가 뻗어야 하는 것으로 알려져 있다. 다만 실제로는 수목마다 그 공간 에 차이가 있기 때문에, 필요한 공간을 엄밀하게 계산 하면서 공간 배분을 하려면 너무 많은 시간이 들 수 있다.

따라서 앞에 나온 수목의 높이를 기준으로 한 대략적 인 공간은 아래와 같다(지피류는 공간을 검토할 필요가 없다).

수고와 필요 공간

수고	필요한 공간
고목	약 1㎡
중목	약 0.6㎡
저목	약 0.3㎡

도시에 자리한 일반적인 주택의 식재 공간은 대체로 2제곱미터 정도다. 이 공간에 심을 수 있는 수목의 기 준은 아래와 같다.

2㎡의 부지에 심을 수 있는 수목의 조합

1 ― 고목 2그루

2 ― 고목 1그루+중목 1~2그루

3 ― 고목 1그루+중목 1그루+저목 1그루

4 ― 고목 1그루+저목 3~4그루

5 ― 중목 3그루

6 ― 중목 2그루+저목 2~3그루

7 ― 중목 1그루+저목 4~5그루

MAIN TREE

[3단계]
중심목(메인트리)을 결정한다

심을 수 있는 수목의 수를 알았다면 다음에는 중심목
(메인트리)을 결정한다. 중심목이란 그 정원의 식재 디
자인을 결정하는 데 중심적인 역할을 하는 수목으로,
보통은 중목이나 고목 중에서 결정한다.

정원을 꾸미려는 사람 중에는 심고 싶은 나무를 미리
정해 놓은 사람도 있다. 만약 명확하게 정해 놓은 중
심목이 없다면 수형이나 꽃·열매·단풍 같은 계절의
변화 등을 고려해 그 집에 살게 될 사람이 추구하는
이미지를 물어본 다음 그것에 맞는 수목을 선택하면
된다.

또한 생울타리 등의 용도 또는 해변이나 건조한 토지
같은 부지의 환경에 맞춰서 중심목을 선택해야 하는
경우도 있다.

아래에 중심목을 선택할 때 힌트가 되는 주요 테마를
정리했다. 008~011페이지에 실은 '목적에 맞춰 선택
한다! 중심목 색인'을 활용해 원하는 수목을 찾아보기
바란다.

1 | 수목의 매력을 기준으로 선택하는 중심목

꽃을 즐길 수 있다(계절 · 꽃) / 단풍을 즐길 수 있다 /

열매를 즐길 수 있다 / 수형을 즐길 수 있다 /

예스러운 정취를 즐길 수 있다

2 | 용도 · 성질을 기준으로 선택하는 중심목

식재료로 사용할 수 있다 / 그늘나무로 이용할 수 있다 /

생울타리로 사용할 수 있다 / 관리가 용이하다 /

병충해에 강하다 / 생장이 느리다 / 생장이 빠르다

3 | 부지의 조건을 기준으로 선택하는 중심목

건조한 환경에 강하다 / 습기에 강하다 /

강한 햇볕에 강하다 / 음지에 강하다 /

척박한 땅에서 잘 자란다 / 바닷바람에 강하다

DESIGN

[4단계]
수목을 배치(디자인)한다

나무의 크기와 테마가 결정되었다면 이제 정원 디자인
에 들어간다. 다음에 식재 디자인의 기본이 되는 세 가
지 테크닉을 소개했다. 여기에 주의하면서 실제로 수
목을 도면에 배치해 보자.

또한 014페이지부터 시작되는 '중목·고목 도감'에 각각
의 수목을 중심목으로 삼아서 정원을 디자인하는 방법
과 그대로 활용 가능한 식재 배치도를 실었다. 이 배치
도를 기반으로 자신의 취향에 맞게 변형시켜도 좋다.

테크닉 1 | 수목의 배치는 불규칙적으로 한다

자연스러운 정원을 완성하기 위해서는 곡선이나 홀수, 불
균형, 무작위 같은 '불규칙성'을 도입하는 것이 중요하다.
어떤 방향에서 보더라도 수목이 3그루 이상 일직선으로
나열되지 않도록 줄기의 위치를 결정한다. 감각이나 크기
도 가급적 일정하지 않게 하자.

반대로 기하학적인 정원을 만들고 싶을 때는 좌우 대칭으
로 배치하거나 높이 또는 수형을 일치시키는 것이 좋다.

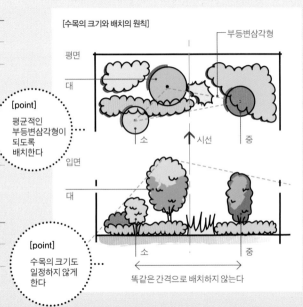

[수목의 크기와 배치의 원칙]

부등변삼각형

평면

대   소   중

시선

[point] 평균적인 부등변삼각형이 되도록 배치한다

입면

대   소   중

[point] 수목의 크기도 일정하지 않게 한다

똑같은 간격으로 배치하지 않는다

테크닉 2 | 극단적인 고저 차를 만든다

배치한 수목의 높이에 극단적인 고저 차를 만들면 더욱
자연스러운 분위기가 되는 동시에 입체감이 생긴다. 또한
수목을 배치할 때 정원 공간의 중앙부를 비워 아무것도
없는 공간을 만들면 정원이 더욱 넓게 느껴진다.

테크닉 3 | 수목의 간격은 생장을 고려해 결정한다

수목을 여러 그루 심을 때, 앞뒤 기준으로 저목을 앞에 배
치하고 고목을 뒤에 배치하는 것이 원칙이다. 좌우의 경우
는 가지가 서로 스칠 정도의 거리를 유지하자.

수목은 생장하기 때문에 식재 공사를 하고 약 3년 후에
완성될 이미지를 고려하면서 배치하면 된다. 그 수목이
3년 동안 가지를 얼마나 뻗을지 생각하고 3년 후에는 서
로 스칠 정도가 되도록 수목의 위치를 결정한다.

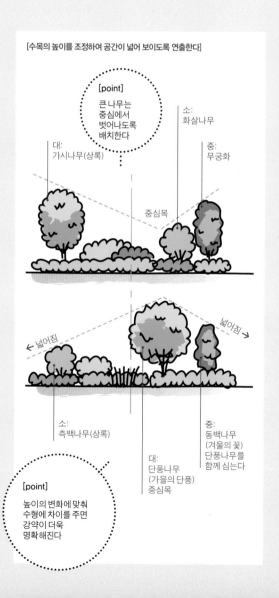

[수목의 높이를 조정하여 공간이 넓어 보이도록 연출한다]

[point]
큰 나무는
중심에서
벗어나도록
배치한다

소:
화살나무

중:
무궁화

대:
가시나무(상록)

중심목

← 넓어짐

넓어짐 →

소:
측백나무(상록)

중:
동백나무
(겨울의 꽃)
단풍나무를
함께 심는다

대:
단풍나무
(가을의 단풍)
중심목

[point]
높이의 변화에 맞춰
수형에 차이를 주면
강약이 더욱
명확해진다

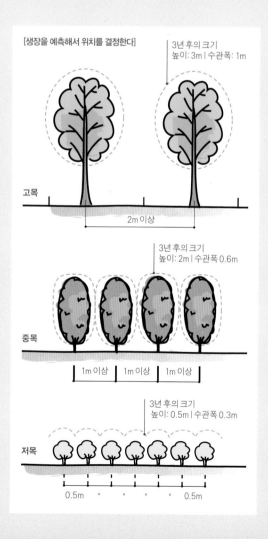

[생장을 예측해서 위치를 결정한다]

3년 후의 크기
높이: 3m | 수관폭: 1m

고목

2m 이상

3년 후의 크기
높이: 2m | 수관폭 0.6m

중목

1m 이상 1m 이상 1m 이상

3년 후의 크기
높이: 0.5m | 수관폭 0.3m

저목

0.5m   0.5m

목적에 맞춰 선택한다!

중심목 색인

Main tree index

[1] 수목의 매력을 기준으로 선택한다

[2] 용도와 성질을 기준으로 선택한다

[3] 부지의 조건을 기준으로 선택한다

이 책의 활용법

How to use
this book

014페이지부터 시작되는 '중목·고목 도감'에는 수목의 특성과 식재에 적합한 시기, 식재 가능 지역, 식재 배치도 등 수목을 선택해서 디자인할 때 꼭 필요한 정보가 실려 있다.

1 | 식재 분류

식재에 많이 사용되는 중목·고목을 상록 침엽수/상록 활엽수/낙엽 침엽수/낙엽 활엽수/특수 수목의 5종류로 분류해 게재했다.

2 | 수목의 명칭

수목의 일반적인 명칭과 학명을 게재했다.

106   Trees and Plants Encyclopedia

① 낙 엽 활 엽 수

③ 고목 / 중목

② 꽃산딸나무   Benthamidia florida

④

층층나무과 층층나무속

이명
미국산딸나무

수고
2.5m

수관폭
1.0m

흉고 둘레
60cm

꽃 피는 시기
4월~5월

열매 익는 시기
9월~10월 중순

식재 적기
12월 초순~3월 초순
(한겨울은 제외)

⑤ 환경 특성
일조 | 양달 ━━╋━━ 응달   중간
습도 | 건조 ━━╋━━ 습윤
온도 | 높음 ━━╋━━ 낮음

⑥ 식재 가능
전국 대부분 지역

자연 분포
북아메리카 원산

⑦

잎
앞면은 진한 녹색, 뒷면은 분백색이다. 잎몸은 길이 7~15센티미터의 난상타원형~달걀형이며, 잎 가장자리는 밋밋하다. 가을에는 단풍이 예쁘게 든다.

열매
길이 1센티미터 정도의 타원형 핵과로 9~10월에 광택이 나는 암홍색으로 익는다. 열매 끝에는 꽃받침이 떨어진 자리가 남아 있다. 가지 끝에 여러 개가 모여서 달린다.

산딸나무
꽃산딸나무의 근연종으로 꽃이나 잎의 모습이 매우 닮았지만 과실은 전혀 다르게 생겼다. 열매는 가을에 빨갛게 익으며 먹을 수 있다.
(140페이지 참조).

3 | 중목/고목

주택용 식재로 사용하기 좋은 크기를 기준으로 중목과 고목을 분류했다(자연수의 수고를 기준으로 한 분류가 아니다). 각 분류의 범위에 관해서는 004페이지의 표 '이 책의 수고 분류'를 참조하기 바란다.

4 | 수목 특성

수목의 과(科)와 속(屬), 이명, 주택용 식재에 적합한 수고·수관폭·흉고 둘레(자연수의 최종 크기나 성장 후의 크기가 아니라 식재 계획 시 높이 2.5~3.0m일 때의 둘레), 꽃이 피는 시기, 열매가 익는 시기를 기재했다.

7 | 수목 사진

해당 수목의 모습을 찍은 사진을 게재했다.

하단에 녹색 글자로 해설을 단 사진은 그 수목의 매력적인 부분(잎·꽃·열매·줄기껍질 등)을 소개한 것이다.

또한 검은색 글자로 해설을 단 사진은 해당 수목과 관련이 있거나 형태·특징이 비슷한 수목이다.

8 |

중목 · 저목 · 지피류의 사진

중심목과 함께 심을 중목·저목·지피류의 사진과 수목 각각의 수고 정보를 실었다.

9 |

식재 방법/식재 배치도

해당 수목을 중심목으로 삼아 정원을 디자인할 때의 방법과 식재 배치 계획의 실제 사례를 실었다. 모든 페이지의 식재 배치도는 일반적인 주택의 평균적인 녹지 공간인 가로 2미터×세로 1미터를 기준으로 삼았으며 도면 아래쪽이 부지의 정면이다.

5 | 환경 특성

수목의 생장에 꼭 필요한 3가지 조건인 일조·습도·온도에 관해 각 수목의 특성을 기재했다. 그래프의 중앙이 기준이다.

6 | 식재와 분포

수목의 식재 가능 지역과 원산지 및 자생하는 지역을 표기했다.

상 록 침 엽 수

가이즈카향나무

Juniperus chinensis 'Kaizuka'

고목

중목

측백나무과 향나무속

이명
나사백

수고
2.0m

수관폭
0.3m

흉고 둘레
－ －

꽃 피는 시기
4~5월

열매 익는 시기
10월

식재 적기
2~6월

환경 특성

	중간	
일조 | 양달	—┼—	응달
습도 | 건조	—┼—	습윤
온도 | 높음	—┼—	낮음

식재 가능
전국 대부분 지역

자연 분포
일본 원산의 원예종(오사카 부의 가이즈카 시에서 만들었다).

가지·잎

어두운 녹색 잎은 어긋나기로 빽빽하게 달린다. 잎몸은 5~12밀리미터의 비늘조각 모양이다. 곁가지는 나선형으로 꼬이면서 뻗는다. 가지 끝이 화염 모양이 된다.

열매

과실은 지름 6~8밀리미터의 구과(毬果)로 내부에 광택이 나는 난원형(卵圓形)의 종자가 4개 들어 있다. 이듬해 10월경에 흑자색으로 익는다.

생울타리

4계절 내내 잎이 어두운 녹색이고 취급도 용이한 까닭에 생울타리나 가로수 등 정원용과 녹화용으로 폭넓게 사용되고 있다. 또한 대기 오염이나 공해, 염해(鹽害)에 강하다.

1 | **아욱메풀**

2 | **비단잔디**

시선을 차단하는
녹색의 벽을 만든다

가이즈카향나무는 가지와 잎이 많기 때문에 식재 공사 직후부터 어느 정도 부피감이 있는 녹색 벽을 만드는 데 적합하다. 매연이나 바닷바람에 강해서 교통량이 많은 도로변이나 바다 근처에 자리한 공장 등의 녹화에도 매우 자주 이용된다. 햇볕이 잘 드는 곳을 좋아하며, 생장 속도가 빠르다.

1×2미터 정도의 공간일 경우 2그루를 심으면 장기적으로 봤을 때 확실한 녹색 벽이 완성되지만, 3그루를 심고 옆으로 가지를 펼치지 않도록 자주 가지치기를 해 주는 편이 균형을 잡기 쉽다. 끝을 둥글게 만들면 묵직한 인상이, 뾰족하게 원뿔형으로 만들면 깔끔한 인상이 된다.

가이즈카향나무는 밑가지가 있고 잎도 빽빽하기 때문에 저목은 심지 않고 지피만으로 정원을 완성한다. 낮은 높이를 유지시킬 수 있는 지피로는 비단잔디나 아욱메풀이 좋다. 응달이라면 왜란이나 수호초가 편리하다. 회오리 모양으로 깎아 다듬으면 개성적인 인상이 된다.

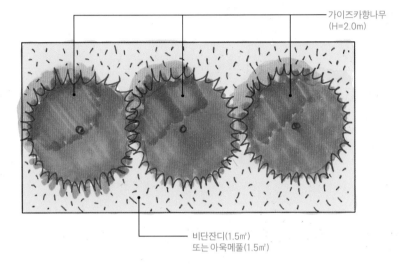

가이즈카향나무
(H=2.0m)

비단잔디(1.5㎡)
또는 아욱메풀(1.5㎡)

3 | **수호초**

4 | **왜란**

5 | **회오리 형태로 깎아 다듬은 가이즈카향나무**

1 아욱메풀

2 비단잔디

3 수호초

4 왜란

5 가이즈카향나무를 회오리 모양으로 깎아 다듬기
H=2.0m

상 록 침 엽 수

고목

중목

나한백

Thujopsis dolabrata

측백나무과 나한백속

이명
구름측백나무

수고
3.0m

수관폭
1.0m

흉고 둘레
10cm

꽃 피는 시기
4~5월

열매 익는 시기
10~11월

식재 적기
2~4월

환경 특성

	중간	
일조	양달 ──────── 응달
습도	건조 ──────── 습윤
온도	높음 ──────── 낮음

식재 가능
중부 이남

자연 분포
한국, 일본

잎

진한 녹색의 잎은 두꺼운 비늘 조각 모양이며 십자로 마주난다. 잎의 뒷면에는 흰색의 기공대(공기구멍줄)가 두드러진다. 수꽃은 청록색, 암꽃은 연한 녹색으로 8~10개의 두꺼운 비늘조각을 가졌다.

편백나무

측백나무과 편백속. 이명은 노송나무, 회목. 일본어로는 히노키라고 한다. 피톤치드라는 천연 항균물질을 내뿜는다.

일본측백나무

측백나무과 눈측백속. 혼슈의 아키타 현에서부터 시코쿠에 걸쳐 분포한다. 나한백과 매우 비슷하게 생겼지만 크게 자라지 않는다. 잎 뒷면의 기공대는 그다지 희지 않다.

1 | **식나무**

2 | **뿔남천**

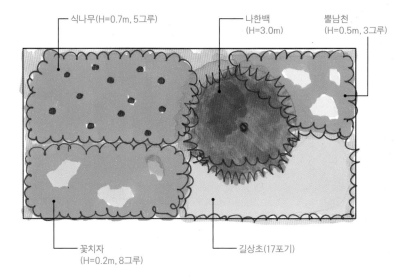

식나무(H=0.7m, 5그루)　　　　나한백　　　　뿔남천
　　　　　　　　　　　　　　(H=3.0m)　　(H=0.5m, 3그루)

꽃치자　　　　　　　　　　　길상초(17포기)
(H=0.2m, 8그루)

[식재 방법]
응달진 정원을 녹색으로 뒤덮는다

응달에서도 잘 자라는 나한백은 햇볕이 잘 들지 않는 북쪽 정원의 구세주다. 또한 생장이 매우 느린 까닭에 가지치기 등의 관리를 자주 하지 못하는 사람에게도 안성맞춤인 수목이기도 하다.

잎이 다른 침엽수보다 진하고 어두운 녹색을 띠기 때문에 노란 빛을 띤 녹색과 조합하면 붕 뜬 느낌을 준다. 선명한 녹색이면서 잎에 광택이 있는 저목과 지피류를 조합해 주자. 생장이 느린 나한백에 맞춰서 그다지 크게 자라지 않는 것이나 깎아 다듬기를 잘 견디는 것을 선택하면 관리가 편해진다.

저목으로는 잎에 광택이 있고 빨간 열매를 즐길 수 있는 식나무나 수형이 개성적이고 노란색 꽃을 즐길 수 있는 뿔남천을 사용하면 정원의 인상이 밝아진다.

지피류로는 응달에서도 잘 자라고 높이가 낮으며 잎이 가는 것을 고른다. 왜란이나 길상초, 키작은비치조릿대 외에 저목인 꽃치자도 지피처럼 이용할 수 있다.

3 | **꽃치자**

4 | **길상초**

5 | **키작은비치조릿대**

6 | **왜란**

1 식나무
　H=0.7m

2 뿔남천
　H=0.5m

3 꽃치자
　H=0.2m

4 길상초

5 키작은비치조릿대

6 왜란

상 록 침 엽 수

고목

중목

나한송

Podocarpus macrophyllus

나한송과 나한송속

이명
토송

수고
2.5m

수관폭
0.7m

흉고 둘레
12cm

꽃 피는 시기
5~6월

열매 익는 시기
9~10월

식재 적기
3월 하순~9월

환경 특성

	중간	
일조 | 양달		응달
습도 | 건조		습윤
온도 | 높음		낮음

식재 가능
남부 지방

자연 분포
중국 원산, 일본

잎

금송보다 약간 어두운 녹색을 띠는 잎은 길이 7~18센티미터의 선상피침형(線狀披針形)으로 가지에 어긋나기로 빽빽하게 달린다.

생울타리

응달이나 조해(潮害) 등 조건이 나쁜 환경도 잘 견디기 때문에 북쪽 정원의 생울타리뿐만 아니라 따뜻한 지방의 해안가에 형성된 밭이나 식물 군락의 방풍용 생울타리로도 사용된다.

금송

금송과 금송속. 자연스럽게 형성되는 원뿔 모양의 수형이 아름답다. 나한송보다 밝고 부드러운 인상의 녹색이다.

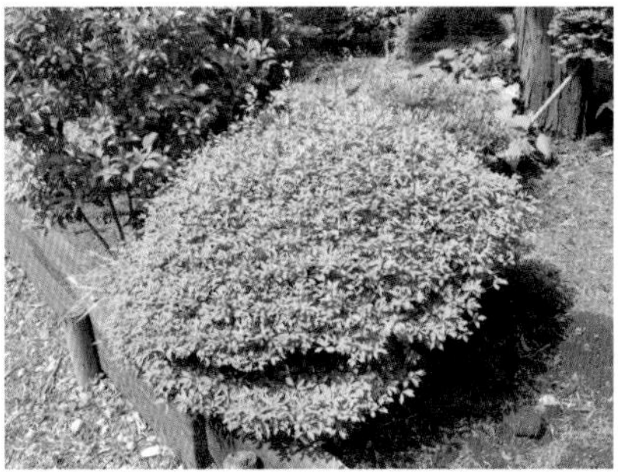
1 | **단풍철쭉(구형)**

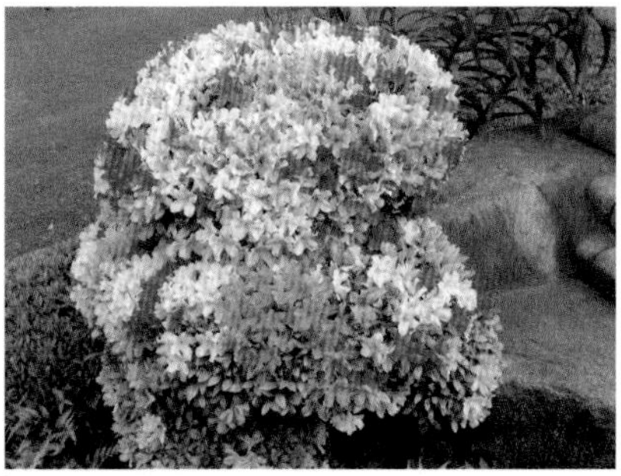
2 | **구루메철쭉(구형)**

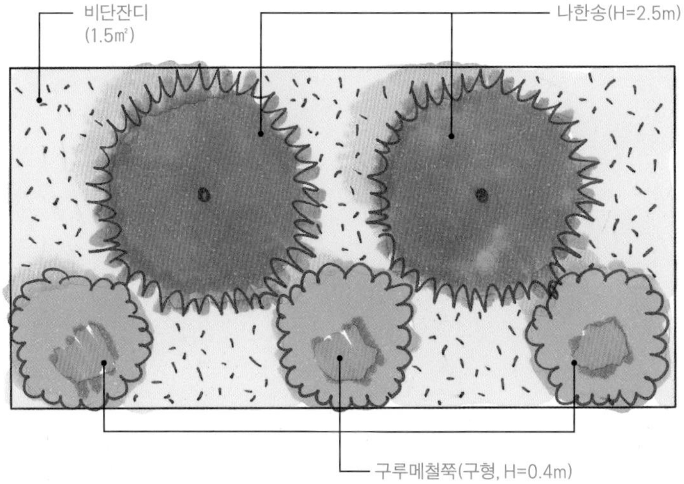

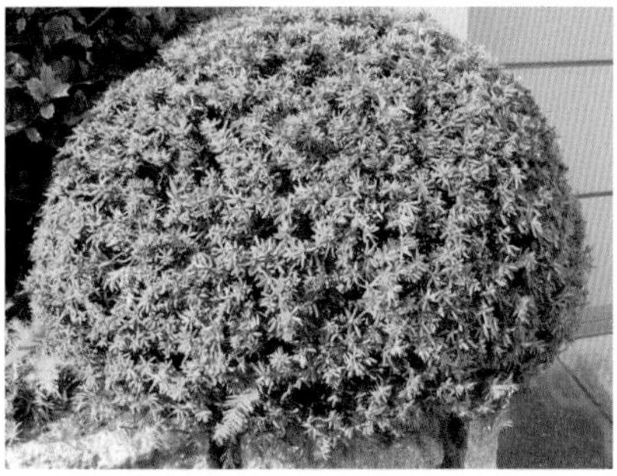
3 | **애기주목(구형)**

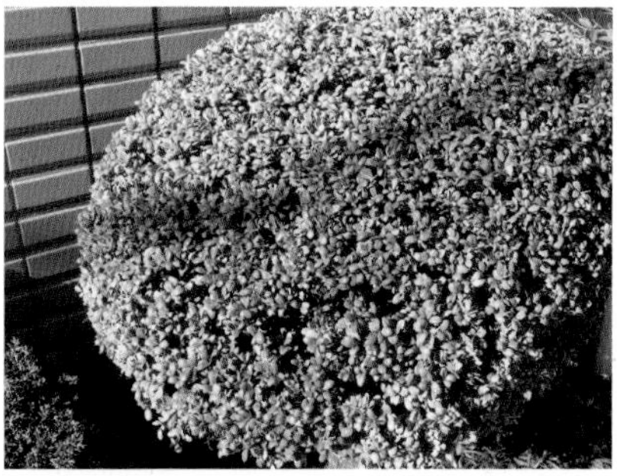
4 | **콘벡사꽝꽝나무(구형)**

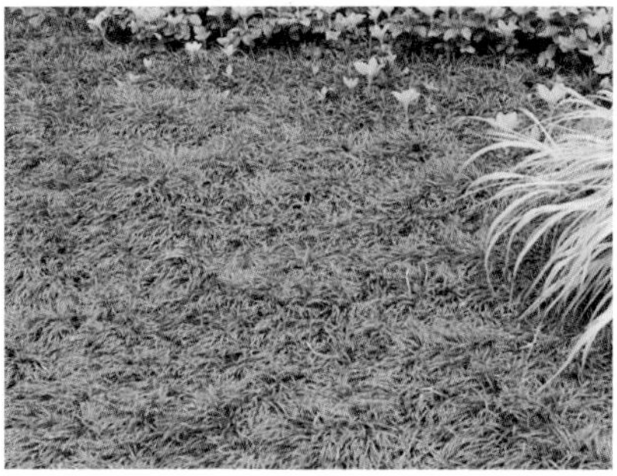
5 | **왜란**

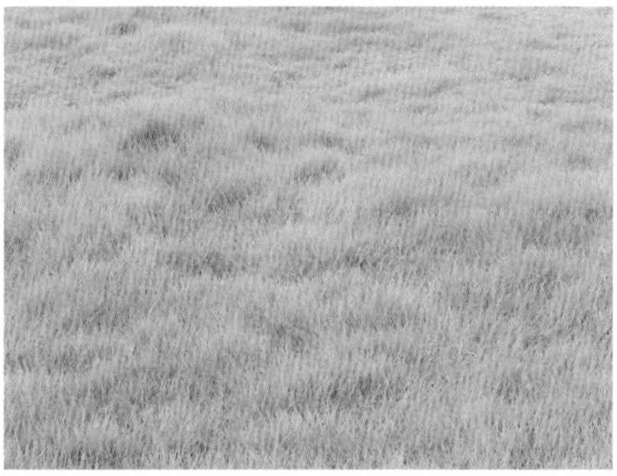
6 | **비단잔디**

[식재 방법]

인공적인 수형을 살린다

나한송은 침엽수지만 소나무나 삼나무와 달리 동양풍 정원과 서양풍 정원에 모두 사용할 수 있다. 강인하고 맹아력(萌芽力)이 있어서 깎아 다듬기가 가능하기 때문에 토피어리에 자주 사용된다.

예를 들어 경단처럼 둥글게 깎아 다듬은 나한송을 2그루 배치하고 그 앞에도 둥글게 깎아 다듬은 저목을 배치하는 식으로 형태를 강조하면 개성적인 정원을 만들 수 있다.

보통 높이 2.5미터 정도의 나한송을 2그루 심는데, 나한송 대신 금송을 사용하면 밝고 산뜻한 인상이 된다.

나한송은 상록수여서 계절에 따른 변화가 적다. 그러니 저목으로는 계절의 변화를 느낄 수 있는 낙엽 활엽수인 단풍철쭉이나 구루메철쭉을 둥글게 깎아 다듬어서 함께 배치하자. 녹색으로 통일하고 싶다면 콘벡사꽝꽝나무나 애기주목을 이용한다.

지피류의 경우, 나한송과 저목이 잘 보이도록 응달진 곳에는 왜란, 햇볕이 잘 드는 곳에는 잔디 등 키 작은 식물을 사용한다.

1 단풍철쭉 H=0.4m

2 구루메철쭉 H=0.4m

3 애기주목 H=0.4m

4 콘벡사꽝꽝나무 H=0.3m

5 왜란

6 비단잔디

상 록 침 엽 수

고목

중목

Picea abies

독일

가문비나무

소나무과 가문비나무속

이명
노르웨이가문비나무

수고
3.0m

수관폭
1.2m

흉고 둘레
15cm

꽃 피는 시기
5월

열매 익는 시기
9~10월

식재 적기
2월 중순~3월, 11~1월

환경 특성

		중간	
일조	양달		응달
습도	건조		습윤
온도	높음		낮음

식재 가능
전국 대부분 지역

자연 분포
유럽 원산

가문비나무

소나무과 가문비나무속. 이명은 감비나무. 혼슈 중부와 기이 반도에 분포한다. 정원수로는 그다지 사용되지 않는다.

글렌가문비나무

소나무과 가문비나무속. 홋카이도, 혼슈(하아치네산)에 분포한다. 크기가 작고 수형이 잘 잡히기 때문에 크리스마스트리로도 사용된다.

니코전나무

소나무과 전나무속. 일본 고유종으로 전나무보다 높은 지역(추운 곳)에 자생한다. 잎의 뒷면에 2개의 흰 기공대(공기구멍줄)가 있다.

1 | 호랑가시나무

2 | 피라칸타

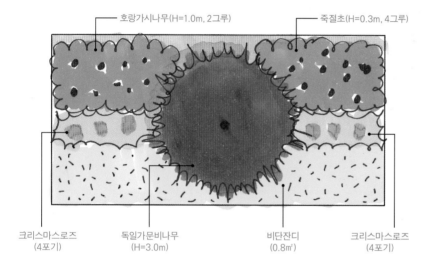

호랑가시나무(H=1.0m, 2그루)   죽절초(H=0.3m, 4그루)

크리스마스로즈
(4포기)

독일가문비나무
(H=3.0m)

비단잔디
(0.8㎡)

크리스마스로즈
(4포기)

[식재 방법]
크리스마스트리가 있는 정원을 만든다

독일가문비나무는 독일에서 크리스마스트리로 많이 이용되는 수종이다. 잎의 색은 전체적으로 살짝 어두운 톤의 녹색이다. 수고 2~3미터의 어린 나무는 약간 어설픈 느낌이 들지만, 4~6미터로 자라면 크리스마스트리다운 수형이 된다.

크리스마스에 어울리는 빨간 열매를 즐기고 싶다면 구하기 쉬운 저목인 호랑가시나무를 선택하는 것이 좋다. 같은 시기에 빨간 열매를 맺는 죽절초나 피라칸타를 함께 심어도 좋다. 지피류로는 사람이 독일가문비나무에 가까이 다가갈 수 있도록 비단잔디 등의 잔디류를 앞쪽에 심고, 그 뒤에는 크리스마스로즈를 심어서 호랑가시나무나 죽절초와 이어지게 한다. 그 밖에 글렌가문비나무나 니코전나무로도 크리스마스트리를 만들 수 있다. 글렌가문비나무는 홋카이도에 분포하는 가문비나무속의 수목인데, 비교적 더위를 잘 견디는 편이어서 통풍이 잘 되고 저녁 해가 닿지 않는 곳이라면 이용이 가능하다.

3 | 죽절초

죽절초(노란 열매)

4 | 크리스마스로즈

5 | 비단잔디

1 호랑가시나무
H=1.0m

2 피라칸타
H=1.0m

3 죽절초
H=0.3m

4 크리스마스로즈

5 비단잔디

상 록 침 엽 수

삼나무 (다이스기)

Cryptomeria japonica

고목 ———— 중목

측백나무과 삼나무속

이명
쑥대나무

수고
2.5m

수관폭
0.4m

흉고 둘레
――

꽃 피는 시기
4~5월

열매 익는 시기
10월

식재 적기
1~4월

환경 특성

	중간	
일조	양달 ———┼—	응달
습도	건조 ———┼—	습윤
온도	높음 —┼———	낮음

식재 가능
전국 대부분 지역

자연 분포
한국 남부, 일본 원산의 원예종(교토 기타야마 지방에서 만들었다).

잎

잎의 색은 진한 녹색이고 잎몸은 4~12밀리미터의 겸상침형(鎌狀針形)이다. 나선형으로 가지에 달려 있으며 앞뒤 구분은 없다. 일반적인 삼나무보다 약간 딱딱하다.

삼나무

식재·이식의 최적기는 3월이지만 4월이나 10~11월에도 가능하다. 이식은 비교적 용이하지만 강한 바람을 싫어하기 때문에 바람이 적은 장소에 심는 것이 좋다.

삼나무의 열매

과실은 지름 1~2센티미터의 계란형을 띤 구과다. 처음에는 녹색이지만 10월경에 갈색으로 익으면 끝이 4~6갈래로 갈라진다.

1 | 영산홍

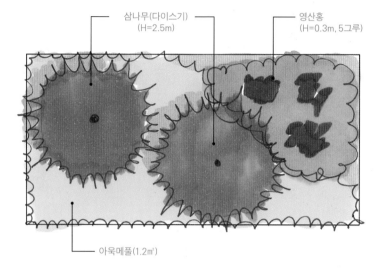

삼나무(다이스기)
(H=2.5m)

영산홍
(H=0.3m, 5그루)

아욱메풀(1.2㎡)

2 | 애기주목

[식재 방법]
좁은 공간에 일본풍 정원의 요소를 담는다

일본의 대표적인 수종인 삼나무. 특히 사찰이나 거리에 있는 거대한 삼나무의 줄기와 뿌리는 보는 사람을 압도할 만큼 아름답다. 또한 정원이 딸린 다실의 정원수로 사용되는 등, 일본풍의 정원을 만들 때 없어서는 안 될 수종이기도 하다.

삼나무의 장점을 충분히 살리려면 어느 정도 넓은 부지가 필요하지만 주택에서는 그런 부지를 확보하기가 어렵다. 그래서 이용했으면 하는 것이 기타야마 지역에서 정원수용으로 키우는 다이스기다. 다이스기는 다실의 정원에 많이 이용되는 특이한 수형의 삼나무로, 정원을 비교적 콤팩트하게 디자인할 수 있다.

전체의 균형을 즐기기 위해 밑동부터 잘 보이도록 배치한다. 저목으로는 영산홍이나 사스레피나무, 애기주목, 지피로는 높이가 낮은 잔디류, 왜란, 키작은비치조릿대, 이끼류 등을 선택한다.

3 | 사스레피나무

4 | 아욱메풀

5 | 키작은비치조릿대

6 | 왜란

1 영산홍
H=0.3m

2 애기주목
H=0.3m

3 사스레피나무
H=0.3m

4 아욱메풀

5 키작은비치조릿대

6 왜란

상 록 침 엽 수

고목

소나무

Pinus densiflora

중목

소나무과 소나무속
이명 적송
수고 3.0m
수관폭 1.5m
흉고 둘레 18cm
꽃 피는 시기 4~5월
열매 익는 시기 9~10월(이듬해)
식재 적기 2~4월 초순

환경 특성

	중간	
일조 : 양달		응달
습도 : 건조		습윤
온도 : 높음		낮음

식재 가능
전국 대부분 지역

자연 분포
한국, 중국 동북부, 일본

곰솔

소나무과 소나무속. 이명은 흑송. 소나무와 비교했을 때 줄기 껍질이 검은 것이 특징이다. 바닷바람에 강해서 해안의 사방림(砂防林)으로 사용된다. 따뜻한 지역에서 심기에 적합한 수종이다.

섬잣나무

소나무과 소나무속. 이명은 작은 소나무. 한 곳에서 잎이 5장 나오는 특징이 있다. 관상용으로 좋아서 중심목이나 문 옆에 심는 용도로 사용된다.

다행송

소나무과 소나무속, 소나무의 원예종이다. 줄기는 다간 수형으로 갈라져서 나며 우산을 펼친 것 같은 수형이 된다. 생장이 느리고 수고는 그다지 높지 않다.

1 | 영산홍

2 | 애기주목

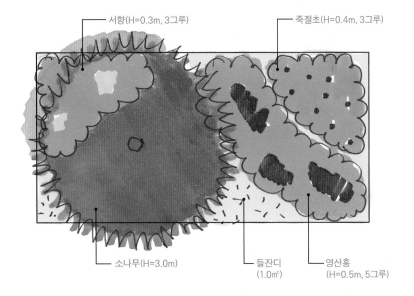

서향(H=0.3m, 3그루)

죽절초(H=0.4m, 3그루)

소나무(H=3.0m)

들잔디
(1.0㎡)

영산홍
(H=0.5m, 5그루)

[식재 방법]

단순한 수형을 살려 전통적이면서도 현대적인 모습을 연출한다

'소나무'는 전통적인 정원의 이미지가 강한 수목이다. 그러나 수형을 잘 활용하면 현대적인 정원을 연출할 수도 있다. 이때의 포인트는 뿌리부터 수형을 보여주는 것이다.

소나무, 곰솔, 섬잣나무, 다행송 등 소나무속의 수목은 햇볕을 좋아하기 때문에 남쪽이나 서쪽 위치에 있는 정원에 심는 것이 적절하다.

아름다운 밑동이 잘 보이게 하려면 잔디 등 키가 작은 지피류를 활용한다. 산뜻한 인상으로 마무리하고 싶다면 비단잔디를, 자연 그대로의 분위기를 조금 내고 싶다면 들잔디를 사용한다.

저목도 녹색 배경을 형성해 소나무의 줄기 모양을 강조할 수 있는 상록수를 선택해 소나무의 줄기로부터 약간 떨어진 위치에 배치한다. 꽃을 즐길 수 있는 영산홍, 향을 즐길 수 있는 서향, 열매를 즐길 수 있는 죽절초가 좋다. 녹색으로 통일하고 싶다면 애기주목 등을 사용하는 것도 좋다.

3 | 죽절초

4 | 서향

5 | 들잔디

6 | 비단잔디

1 영산홍
H=0.5m

2 애기주목
H=0.3m

3 죽절초
H=0.4m

4 서향
H=0.3m

5 들잔디

6 비단잔디

| 고목

주목

Taxus cuspidata

| 중목

주목과 주목속

이명
적백송, 화솔나무,
노가리나무

수고
2.0m

수관폭
0.7m

흉고 둘레
— —

꽃 피는 시기
3~5월

열매 익는 시기
9~10월

식재 적기
2~4월

환경 특성

	중간	
일조 l 양달	━━━━╋━━━	응달
습도 l 건조	━━━━╋━━━	습윤
온도 l 높음	━━━╋━━━━	낮음

식재 가능
전국 대부분 지역

자연 분포
한국, 일본, 중국 동북부,
시베리아

생울타리

깎아 다듬기를 잘 견뎌서 중심목
뿐만 아니라 생울타리로도 자주
사용된다. 또한 토피어리 등에도
이용된다. 일조 조건이 나빠도 생
육이 가능하다.

서양주목

주목과 주목속. 유럽에 자생하는
유일한 주목속이다. 유럽주목이라
고도 한다. 주목과 마찬가지로 정
원수로서 생울타리나 토피어리에
자주 사용된다.

애기주목

주목과 주목속. 이명은 가라목. 주
목의 변종으로서 저목이다. 깎아
다듬기에 강하며 중심목 외에 고
목의 밑동에 심는 용도로도 사용
된다.

1 | 우묵사스레피

2 | 영산홍

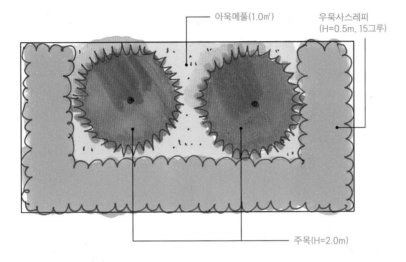

아욱메풀(1.0㎡)

우묵사스레피
(H=0.5m, 15그루)

주목(H=2.0m)

[식재 방법]
자주 관리해 줄 수 없는 장소에 손쉽게 만들 수 있는 정적인 분위기의 정원

생장이 매우 느리고 내음성(耐陰性)과 내한성(耐寒性)이 있는 주목은 자주 관리해 줄 수 없는 이웃과의 경계 부근이나 햇볕이 잘 들지 않는 좁은 뒤쪽 정원, 중앙 정원 등에 적합한 수목이다.

잎이 가늘고 깎아 다듬기를 하면 녹색의 실루엣이 뚜렷해지는 까닭에 식물을 다듬어서 다양한 모양을 만들어내는 토피어리 등에 이용할 수 있다. 함께 심을 저목으로는 수형이 단정한 것을 고른다. 햇볕이 잘 드는 곳일 때는 영산홍이나 좀회양목을, 응달진 곳일 때는 우묵사스레피를 사용한다.

지피류로는 응달진 곳일 경우 왜란, 덩굴성 식물인 아이비, 마삭줄이, 햇볕이 잘 드는 곳일 경우 비단잔디나 아욱메풀 등 높이가 낮은 것과 조합한다.

또한 주목은 가을에 빨간 열매가 달리므로 이것을 디자인의 강조점으로 활용하는 것도 좋은 방법이다. 이 경우 저목도 빨간 열매가 달리는 것을 심으면 가을부터 겨울까지 따뜻한 분위기를 연출할 수 있다.

1 우묵사스레피
  H=0.5m

2 영산홍
  H=0.5m

3 아이비

4 왜란

5 비단잔디

6 아욱메풀

3 | 아이비

4 | 왜란

5 | 비단잔디

6 | 아욱메풀

상록 침엽수

고목

중목

측백나무

Platycladus orientalis

측백나무과 측백나무속

이명
– –

수고(엘라간티시마)
2.0m

수관폭
0.8m

흉고 둘레
– –

꽃 피는 시기
3~4월

열매 익는 시기
10~11월

식재 적기
2~5월 초순

환경 특성

	중간	
일조 | 양달	—┼—	응달
습도 | 건조	—┼—	습윤
온도 | 높음	—┼—	낮음

식재 가능
전국 대부분 지역

자연 분포
한국, 중국, 타이완 원산

가지·잎

평면적으로 분기된 가지가 위로
곧게 자란다. 비늘조각 모양의 잎
이 번갈아서 마주나기로 달리며
잎에는 앞뒤의 구별이 없다.

열매

과실은 10~25밀리미터의 난원형
또는 장타원형(長楕圓形)의 구과로
끝이 뿔처럼 뾰족하다. 처음에는
진한 녹색이지만 익으면 갈색이
된다.

측백나무 '엘레간티시마'

측백나무의 원예종. 약간 타원형
의 수형이 된다. 잎의 색은 밝은
녹색이며 새싹은 더욱 밝은 황록
색이어서 싱싱한 느낌을 준다.

1 | 안개나무(붉은 잎)

안개나무의 꽃자루

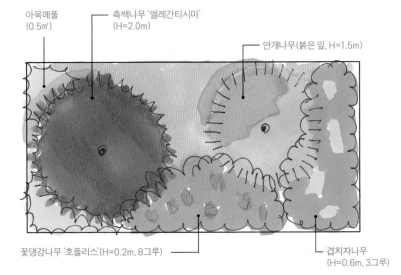

아욱메풀
(0.5㎡)

측백나무 '엘레간티시마'
(H=2.0m)

안개나무(붉은 잎, H=1.5m)

꽃댕강나무 '호플리스'(H=0.2m, 8그루)

겹치자나무
(H=0.6m, 3그루)

[식재 방법]
다채로운 색깔의 잎으로 측백나무의 산뜻한 잎색을 부각시킨다

측백나무는 수고를 2미터 정도로 억제하면 가로와 세로의 균형이 좋아서 이용하기 용이하다. 깎아 다듬기도 잘 견디기에 생울타리로도 사용할 수 있지만, 뿌리가 얕게 뻗는 탓에 수고가 높아지면 쓰러질 위험이 높아지니 주의가 필요하다.

측백나무 정원의 포인트는 산뜻한 잎의 색을 즐기는 것이다. 이를 위해 의도적으로 잎의 색이 다른 식물과 조합한다. 원예종인 측백나무 '엘레간티시마'의 산뜻한 녹색 잎과 대비되도록 안개나무의 붉은 잎을 조합한다. 안개나무는 꽃이 핀 뒤에 꽃자루가 마치 연기와 같은 형태가 되는 것이 특징이다.

저목으로는 잎이 진한 녹색이고 광택이 나는 겹치자나무를 조합한다. 겹치자나무의 흰 꽃은 존재감이 있을 뿐만 아니라 향기도 강하기에 1그루만 심어도 충분한 매력을 발산한다. 여기에 꽃댕강나무 '호플리스'나 무늬중국쥐똥나무를 더하면 측백나무 '엘레간티시마'와 겹치자나무의 강한 인상을 누그러뜨리는 완충적인 역할을 해준다.

2 | 겹치자나무

3 | 꽃댕강나무 '호플리스'

4 | 무늬중국쥐똥나무

5 | 아욱메풀

1　안개나무
　H=1.5m

2　겹치자나무
　H=0.6m

3　꽃댕강나무 '호플리스'
　H=0.2m

4　무늬중국쥐똥나무
　H=0.2m

5　아욱메풀

상 록 침 엽 수

고목

중목

편백나무

Chamaecyparis obtusa

측백나무과 편백속

이명
회목, 노송나무, 히노키

수고
2.5m

수관폭
0.6m

흉고 둘레
— —

꽃 피는 시기
4월

열매 익는 시기
10월

식재 적기
2~4월

환경 특성

	중간	
일조 | 양달	——————┼——	응달
습도 | 건조	———┼————	습윤
온도 | 높음	———┼————	낮음

식재 가능
중부 이남

자연 분포
일본 특산종

잎

진한 녹색으로 잎 뒷면에 X자 모양의 흰 기공대가 있다. 잎몸은 비늘조각 모양이며 번갈아서 마주난다. 잎 모양이 화백과 매우 비슷하지만 잎 끝이 화백보다 둥그스름하다.

화백

측백나무과 편백속. 수형이 측백나무와 매우 비슷하지만 화분증은 거의 유발하지 않는다. 가지가 아래로 늘어지는 왜성실화백과 잎 끝이 부드러운 화백 '플루모사' 등의 원예종이 있다.

황금편백

편백나무의 원예종. 일반적으로 편백나무보다 작다. 나무의 생장이 안정적이어서 정원수로 사용하기 좋다. 편백나무보다 왜소하며 가지가 짧다.

1 | 동백나무 '와비스케'

2 | 동백나무 '오토메'

[식재 방법]
모던한 코니퍼가든
(상록침엽수 정원)을
완성한다

편백나무는 최근 들어 거의 사용되지 않고 있지만, 동양적인 현대식 정원을 만들기 위한 요소로 재조명되었으면 하는 수목이다.

높이 2.5미터 정도의 편백나무를 1그루 심고, 꽃이 아름다운 동백나무나 애기동백나무를 중목 크기로 만들어서 함께 배치한다. 꽃이 작은 동백나무 '와비스케'를 사용하면 청초한 분위기를, 핑크색의 겹꽃을 피우는 동백나무 '오토메'를 사용하면 마치 장미 같은 느낌을 줘서 서양적인 분위기를 연출할 수 있다.

저목으로는 잎이 작은 상록수(꽝꽝나무나 콘벡사꽝꽝나무)를 사용한다. 또한 밑가지를 살리면서 밑동 부근에 키가 작은 큰잎빈카나 아욱메풀 등을 소량 심는다.

잎이 빽빽하게 나는 황금편백, 가지와 잎이 약간 부채 같은 형태로 펼쳐지는 편백 '필리코이데스' 등의 원예종을 편백나무 대신 사용해도 좋다.

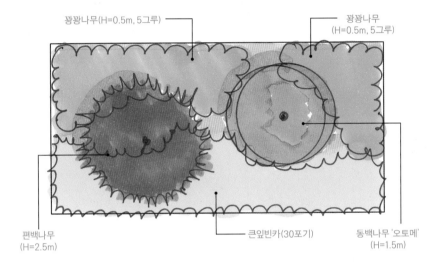

꽝꽝나무(H=0.5m, 5그루)

꽝꽝나무
(H=0.5m, 5그루)

편백나무
(H=2.5m)

큰잎빈카(30포기)

동백나무 '오토메'
(H=1.5m)

3 | 꽝꽝나무

4 | 콘벡사꽝꽝나무

5 | 큰잎빈카

6 | 아욱메풀

1 동백나무 '와비스케'
H=1.5m

2 동백나무 '오토메'
H=1.5m

3 꽝꽝나무
H=0.5m

4 콘벡사꽝꽝나무
H=0.3m

5 큰잎빈카

6 아욱메풀

상록 활엽수

고목

관목

가시나무

Quercus myrsinifolia

참나무과 참나무속

이명
정가시나무

수고
3.0m

수관폭
0.8m

흉고 둘레
15cm

꽃 피는 시기
5월

열매 익는 시기
10~11월

식재 적기
6~7월, 9~11월

환경 특성
일조 | 양달 ━━━┿━ 응달
습도 | 건조 ━━━┿━ 습윤
온도 | 높음 ━┿━━━ 낮음

식재 가능
남해안, 제주도

자연 분포
한국, 일본, 중국

종가시나무

참나무과 참나무속. 가시나무에 비해 과실이 둥그스름하고 약간 작다. 10~11월에 갈색으로 익는다.

개가시나무

참나무과 참나무속. 이명은 돌가시나무. 잎의 뒷면에 갈백색의 샘털이 빽빽하게 나 있는 것이 특징이다. 재질은 단단하며 열매는 식용으로 사용된다. 정원수로는 거의 사용되지 않는다.

참가시나무

참나무과 참나무속. 이명은 백가시나무. 이명은 잎 뒷면의 색이 하얀 것에서 유래했다. 정원수, 생울타리, 공원수로 사용된다. 자연에서는 분포가 감소하고 있다.

1 | 우묵사스레피

2 | 다정큼나무

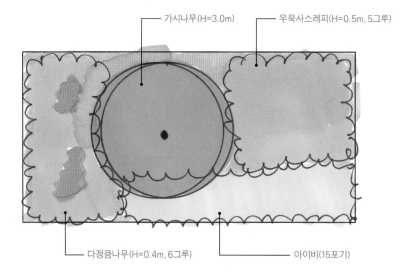

가시나무(H=3.0m)   우묵사스레피(H=0.5m, 5그루)

다정큼나무(H=0.4m, 6그루)   아이비(15포기)

[식재 방법]

1년 내내 녹색을 즐길 수 있는 정원을 연출한다

가시나무는 상록 활엽수 중 높이에 비해 줄기가 가는 편이라 좁은 공간에서도 그다지 답답하게 느껴지지 않는다. 가시나무에 상록 저목과 지피류를 조합하면 1년 내내 녹색 배경을 감상할 수 있는 공간을 만들 수 있다.

저목으로는 일조 조건이 좋다면 다정큼나무, 일조 조건이 나쁘다면 사르코코카나 우묵사스레피 등을 사용한다.

지피류의 경우 응달에는 왜란이나 수호초를 심으면 관리하기가 편하다. 양달에는 덩굴 식물인 아이비를 사용하면 비용이 적게 들지만 녹지를 만들기까지 시간이 걸린다.

가시나무 대신 종가시나무를 사용할 수도 있다. 종가시나무는 가시나무에 비해 잎이 크고 줄기도 굵다. 가지가 갈라져 나와 부피감이 생겨서 배경을 녹색으로 가리고 싶을 때 적합하다. 수형이 잘 흐트러지기 때문에 1그루가 아니라 2그루 이상을 조합한다.

3 | 사르코코카

4 | 수호초

5 | 아이비

6 | 왜란

1 우묵사스레피
H=0.5m

2 다정큼나무
H=0.4m

3 사르코코카
H=0.15m

4 수호초

5 아이비

6 왜란

상록 활엽수

고목

중목

감탕나무

Ilex integra

감탕나무과 감탕나무속

이명
떡가지나무, 끈끈이나무

수고
2.5m

수관폭
0.7m

흉고 둘레
— —

꽃 피는 시기
4월

열매 익는 시기
11월

식재 적기
2월 하순~4월,
6월 하순~7월 중순

환경 특성
	중간	
일조	양달 ——┃—— 응달	
습도	건조 ——┃—— 습윤	
온도	높음 ——┃—— 낮음	

식재 가능
전라도, 제주도

자연 분포
한국, 일본, 중국, 타이완

잎

잎몸은 길이 4~7센티미터, 폭 2~3센티미터의 타원형이며 어긋나기로 달린다. 가죽질이고 잎의 색은 진한 녹색이다. 잎이 수분을 많이 머금고 있어서 방화수 기능도 한다.

꽃

암꽃과 수꽃 모두 지름 8밀리미터 정도의 작은 황록색 꽃으로 수꽃은 수 개씩, 암꽃은 1~2개씩 잎겨드랑이에 달린다. 꽃이 피는 시기는 4월경이다.

열매

지름 1센티미터 정도의 구형 핵과로 내부에는 종자가 1개 있다. 처음에는 연한 녹색이지만 11월에 빨간색으로 익으면 새가 즐겨 먹는다.

1 | 금귤나무

2 | 안개나무

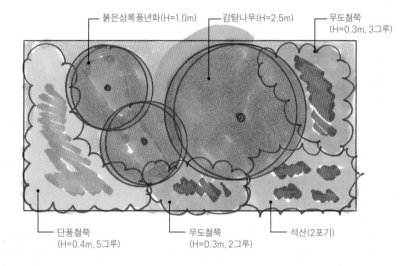

붉은상록풍년화(H=1.0m)   감탕나무(H=2.5m)   무도철쭉
(H=0.3m, 3그루)

단풍철쭉
(H=0.4m, 5그루)   무도철쭉
(H=0.3m, 2그루)   석산(2포기)

3 | 붉은상록풍년화

4 | 단풍철쭉

5 | 무도철쭉

6 | 석산

[식재 방법]
부드러운 인상의 녹색 벽을 정원의 배경으로 삼는다

상록의 배경을 만들 때는 감탕나무가 적합하다. 같은 용도로 사용할 수 있는 수목에는 후피향나무와 비쭈기나무, 붓순나무, 종가시나무 등이 있는데, 감탕나무는 약간 황록색이 들어간 밝은 녹색의 잎을 가지고 있어 부드러운 인상을 만들 수 있다.

감탕나무는 평평한 느낌을 주도록 줄지어 심고 앞쪽에 중목이나 저목을 심어 입체감과 계절감을 연출한다. 중목으로는 자주색 잎의 붉은상록풍년화나 안개나무를 심으면 잎의 색에 대비가 만들어져 즐길 수 있는 포인트가 된다. 노란색의 작은 열매가 달리는 금귤나무 등도 감탕나무의 녹색 잎을 배경으로 존재감을 드러낸다.

감탕나무는 1년 내내 거의 변화가 없기 때문에 꽃 등을 통해 계절을 연출할 수 있는 수종을 저목이나 지피로 선택한다. 봄에는 꽃이 돋보이는 무도철쭉, 가을에는 단풍이 아름다운 단풍철쭉, 여기에 구근식물인 석산을 곁들이면 가을이 왔음을 느낄 수 있을 것이다.

1 금귤나무
H=1.0m

2 안개나무
H=1.0m

3 붉은상록풍년화
H=1.0m

4 단풍철쭉
H=0.4m

5 무도철쭉
H=0.3m

6 석산

상 록 활 엽 수

고목

중목

구골나무

Osmanthus heterophyllus

물푸레나무과 목서속

이명
– –

수고
2.0m

수관폭
0.6m

흉고 둘레
– –

꽃 피는 시기
10월 중순~12월 중순

열매 익는 시기
6~7월

식재 적기
3~4월, 6~7월

환경 특성
일조	양달	중간	응달
습도	건조		습윤
온도	높음		낮음

식재 가능
남부 지방

자연 분포
한국(제주도), 일본 남부

꽃

10월 중순~12월 중순에 지름 5밀리미터 정도의 향기가 나는 작고 흰 꽃이 잎겨드랑이에 여러 개 달린다. 꽃부리는 깊게 4갈래로 갈라져 있으며 각각의 꽃잎조각(열편)은 뒤로 젖혀져 있다.

유럽호랑가시나무

감탕나무과 감탕나무속. 잎은 어긋나기로 달리고 가시가 있으며 초겨울에 빨개지는 동그란 과실은 크리스마스 장식으로 이용된다. 구골나무와 비슷하게 생겼지만 구골나무는 열매가 흑자색이다.

구골나무 '바리에가투스'

구골나무의 재배종. 잎의 가장자리가 하얘지며 수고도 2미터 정도밖에 자라지 않는다. 구골나무보다 생장력이 없기 때문에 깎아 다듬기를 자주 해 줘야 하는 생울타리 등에는 적합하지 않다.

1 | 뿔남천

2 | 은목서

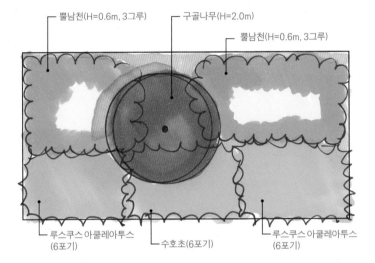

뿔남천(H=0.6m, 3그루)　　구골나무(H=2.0m)

뿔남천(H=0.6m, 3그루)

루스쿠스 아쿨레아투스
(6포기)　　수호초(6포기)　　루스쿠스 아쿨레아투스
(6포기)

[식재 방법]
방범용으로도 이용할 수 있는 짙은 녹색의 생울타리

구골나무의 깔쭉깔쭉한 잎은 건드리면 아프기 때문에 방범 효과가 있다.

응달에서도 잘 자라기 때문에 햇볕이 잘 들지 않는 정원에도 심을 수 있지만, 잎의 색이 진한 녹색이라서 약간 어두운 분위기가 된다. 조금 밝은 인상을 주고 싶다면 잎의 색이 하얀 구골나무 '바리에가투스'를 사용한다.

아담한 녹지를 만든다는 계획으로 높이 1.2미터 정도의 구골나무를 심은 다음, 역시 응달에 강하며 잎의 인상이 비슷한 뿔남천이나 은목서, 좁은잎뿔남천, 루스쿠스 아쿨레아투스를 함께 심는다. 뿔남천은 초봄에 선명한 노란 꽃을 피우므로 어두운 정원에 밝은 느낌을 더할 수 있다.

루스쿠스 아쿨레아투스는 응달에 강하고 잎이 뾰족해서 방범 효과도 기대할 수 있다. 다만 너무 많이 심으면 가지치기를 할 때 구골나무에 가까이 갈 수가 없게 되니 수호초나 맥문동 '바리에가타' 등의 지피류를 앞쪽에 배치해 양적인 균형을 맞춘다.

3 | 좁은잎뿔남천

4 | 루스쿠스 아쿨레아투스

5 | 맥문동 '바리에가타'

6 | 수호초

1 　뿔남천
　　H=0.6m

2 　은목서
　　H=0.6m

3 　좁은잎뿔남천
　　H=0.6m

4 　루스쿠스 아쿨레아투스

5 　맥문동 '바리에가타'

6 　수호초

상록 활엽수

고목 — 중목

Castanopsis sieboldii

구실잣밤나무

참나무과 모밀잣밤나무속

이명
구슬잣밤나무

수고
2.5m

수관폭
0.5m

흉고 둘레
－－

꽃 피는 시기
5월 중순~6월

열매 익는 시기
10월 중순~11월 중순
(이듬해)

식재 적기
3월 하순~4월 초순,
6월 하순~7월 하순,
9월 하순~10월

환경 특성

	양달	중간	응달
일조			
습도	건조		습윤
온도	높음		낮음

식재 가능
남부 지방

자연 분포
한국(남해안 섬 지방), 일본,
타이완, 중국, 인도, 자바

열매

길이 1.2~2센티미터의 난상장타
원형으로 이듬해 가을에 익는다.
처음에는 각두(殼斗)에 둘러싸여
있지만 익으면 3갈래로 갈라지며
안에서 견과가 나온다.

줄기껍질

흑갈색이며 크게 자라면 세로로
주름이 생기는 것이 특징이다. 닮
은 수종인 모밀잣밤나무는 껍질
이 부드러우며 일반적으로 깊은
주름이 생기지 않는다.

모밀잣밤나무

참나무과 모밀잣밤나무속. 이명은
메밀잣밤나무. 구실잣밤나무에 비
해 견과가 둥글고 작다.

1 | 히에말리스동백나무

2 | 치자나무

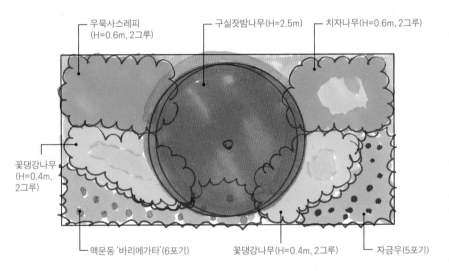

우묵사스레피
(H=0.6m, 2그루)

구실잣밤나무(H=2.5m)

치자나무(H=0.6m, 2그루)

꽃댕강나무
(H=0.4m,
2그루)

맥문동 '바리에가타'(6포기)

꽃댕강나무(H=0.4m, 2그루)

자금우(5포기)

[식재 방법]
잎이나 열매가 특징적인 수목과 조합해 어두운 분위기를 억제한다

구실잣밤나무는 조엽수림의 대표적인 구성 수종으로, 큰 나무로 생장한 끝에 이윽고 커다란 숲을 만든다. 특히 줄기가 굵어지기 때문에 크기를 작게 유지하고 싶을 때는 가지치기를 자주 해 줘야 한다. 잎의 색은 진한 녹색이지만 잎 뒷면이 갈색이고 줄기껍질도 약간 진한 갈색인 탓에 조금 어두운 분위기를 풍긴다. 또 잎을 활짝 펼치기 때문에 나무 아래쪽이나 주위에는 햇볕이 잘 닿지 않는다. 그러니 함께 심는 저목이나 지피는 응달에 강한 것을 고르자.

구실잣밤나무를 정원의 중심에 배치하고 저목인 우묵사스레피나 치자나무, 히에말리스동백나무, 꽃댕강나무로 높이에 변화를 줘서 입체감을 만들어낸다. 지피는 어두운 느낌이 들지 않도록 잎에 흰 줄이 있는 맥문동 '바리에가타'나 빨간 열매를 즐길 수 있는 자금우를 사용한다.

참고로 구실잣밤나무 열매는 도토리와 비슷하게 생겼으며 식용으로 사용할 수 있다.

1 히에말리스동백나무
  H=0.5m

2 치자나무
  H=0.6m

3 우묵사스레피
  H=0.6m

4 꽃댕강나무
  H=0.4m

5 맥문동 '바리에가타'

6 자금우

3 | 우묵사스레피

4 | 꽃댕강나무

5 | 맥문동 '바리에가타'

6 | 자금우

상록 활엽수

고목

중목

굴거리나무

Daphniphyllum macropodum

굴거리나무과 굴거리나무속

이명
굿거리나무, 청대동

수고
2.5m

수관폭
1.0m

흉고 둘레
— —

꽃 피는 시기
4~5월

열매 익는 시기
10~11월

식재 적기
3~4월, 9월

환경 특성
	중간	
일조 l 양달		응달
습도 l 건조		습윤
온도 l 높음		낮음

식재 가능
남부 지방

자연 분포
한국, 일본, 타이완, 중국

잎

가지 끝에 어긋나기로 모여서 달린다. 잎몸은 길이 8~20센티미터의 장타원형~도피침형으로, 잎 끝은 짧고 뾰족하며 기부는 쐐기형이다. 가지가 자주색을 띤다.

꽃

잎겨드랑이에서 길이 4~8센티미터의 총상꽃차례가 나와 꽃잎도 꽃받침 조각도 없는 작은 꽃을 여러 개 피운다. 암꽃과 수꽃 모두 황록색이다.

좀굴거리나무

이명은 애기굴거리나무. 굴거리나무보다 잎과 꽃이 작다. 굴거리나무의 과실이나 잎은 아래로 늘어지는 데 비해 좀굴거리나무는 아래로 늘어지지 않는다.

1 | 유자나무

2 | 황금하귤

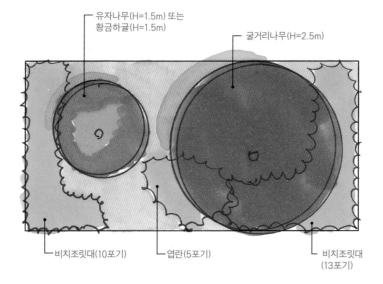

유자나무(H=1.5m) 또는
황금하귤(H=1.5m)

굴거리나무(H=2.5m)

비치조릿대(10포기)

엽란(5포기)

비치조릿대
(13포기)

[식재 방법]
커다란 잎으로 열대 지역의 분위기를 만든다

굴거리나무의 길쭉한 잎이 가지 끝에 수레바퀴 모양으로 달려 있는 모습은 열대 식물 같은 인상을 준다. 여기에 유자나무나 황금하귤 등 커다란 열매가 나는 감귤류 수목을 함께 심으면 그 인상이 더욱 강해진다.

햇볕이 잘 드는 정원에 중심을 약간 벗어나도록 굴거리나무를 심는다. 굴거리나무도 유자나무나 황금하귤처럼 비교적 잎이 크고 윤곽이 뚜렷하기 때문에 저목이나 지피도 윤곽이 뚜렷한 것을 이용한다. 저목으로는 식나무나 월계귀룽나무, 지피로는 비치조릿대나 엽란 등이 좋다.

굴거리나무는 새로운 잎이 오래된 잎과 교체하듯이 나오는 성질이 '대대손손 이어지는 가문'을 연상시킨다고 해서 상서로운 나무로 여겨져 정월의 장식 등에 자주 사용되어 왔다. 정원의 중심목을 고를 때 '상서로운 수목'을 주제로 삼아도 재미있을 것이다.

3 | 식나무

4 | 월계귀룽나무

5 | 비치조릿대

6 | 엽란

1 유자나무
  H=2.0m

2 황금하귤
  H=1.5m

3 식나무
  H=0.5m

4 월계귀룽나무
  H=0.5m

5 비치조릿대

6 엽란

고목

중목

물푸레나스나무

Fraxinus griffithii

물푸레나무과 물푸레나무속

이명
－－

수고
2.5m

수관폭
0.6m

흉고 둘레
다간 수형

꽃 피는 시기
5~6월

열매 익는 시기
8월 중순~9월

식재 적기
3월 중순~하순,
9월 하순~10월 중순

환경 특성

	중간	
일조	양달 ━━━┿━━━	응달
습도	건조 ━━┿━━━━	습윤
온도	높음 ━━┿━━━━	낮음

식재 가능
남부 지방

자연 분포
한국, 중국, 타이완,
동남아 지역

잎

작은 잎이 새의 날개깃처럼 달린다. 잎몸은 길이가 3~10센티미터이며 마주나기로 달린다. 상록수치고는 잎이 조금 듬성듬성하다. 가죽질이고 표면에 광택이 있으며 털은 없다.

꽃

5~6월에 가지 끝이나 잎겨드랑이에서 원뿔 모양으로 길이 2~3밀리미터의 약간 녹색 빛이 나는 흰 꽃을 빽빽하게 피운다. 꽃차례는 크며 가지 끝을 덮는다.

열매

여름철에 길이 2.5~3센티미터의 가는 주걱 모양의 시과(과피가 날개 모양인 열매)가 수관이 하얗게 보일 만큼 달린다. 길이 2~2.7센티미터의 도피침형(倒披針形). 시과 속의 종자는 길쭉하며 적갈색이다.

1 | 부들레야

2 | 가는잎조팝나무

[식재 방법]
부드러운 녹색으로 바람이 느껴지는 정원을 만든다

그리피스물푸레나무의 잎은 작고 밝은 녹색을 띠고 있어서 상록수의 어두운 느낌이 느껴지지 않는다. '부드러움'이나 '산뜻함'을 연출하고 싶을 때 꼭 선택했으면 하는 수목이다.

함께 심을 수목도 가지와 가지, 잎과 잎 사이에 틈새가 있어서 바람의 기운을 느낄 수 있는 것을 고른다.

2×1미터 정도의 녹지라면 줄기가 하나인 단간 수형보다 줄기가 여러 개로 갈라져서 자라는 다간 수형이 시선의 높이에 가지가 있어 안정적이다. 중심을 살짝 벗어난 곳에 그리피스물푸레나무를 배치하고 옆에 부들레야를 심는다. 부들레야는 자주색 꽃을 순차적으로 피우기 때문에 꽃을 오랫동안 즐길 수 있다.

저목으로는 그리피스물푸레나무와 같은 반낙엽수이고 잎이 얇은 망종화나 꽃댕강나무, 낙엽수인 가는잎조팝나무, 의성개나리, 일본조팝나무 등을 심어서 색채를 더한다.

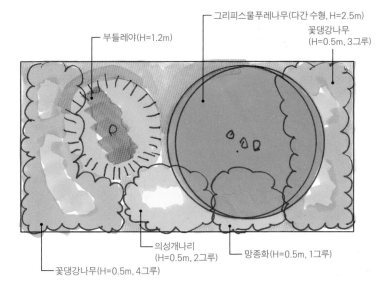

그리피스물푸레나무(다간 수형, H=2.5m)
꽃댕강나무(H=0.5m, 3그루)
부들레야(H=1.2m)
의성개나리(H=0.5m, 2그루)
망종화(H=0.5m, 1그루)
꽃댕강나무(H=0.5m, 4그루)

3 | 꽃댕강나무

4 | 망종화

5 | 일본조팝나무

6 | 의성개나리

1 부들레야
H=1.2m

2 가는잎조팝나무
H=0.8m

3 꽃댕강나무
H=0.5m

4 망종화
H=0.5m

5 일본조팝나무
H=0.5m

6 의성개나리
H=0.5m

상 록 활 엽 수

| 고목 | 중목 |

금목서

Osmanthus fragrans Lour. var. aurantiacus

물푸레나무과 목서속

이명
단계목

수고
2.0m

수관폭
0.6m

흉고 둘레
――

꽃 피는 시기
9~10월

식재 적기
2월 하순~3월 초순,
6월 하순~7월 중순,
9~10월

환경 특성
일조 | 양달 ――――― 중간 ――― 응달
습도 | 건조 ――――┼――― 습윤
온도 | 높음 ―――┼――― 낮음

식재 가능
중부 이남

자연 분포
중국 원산

꽃

10월경이 되면 잎겨드랑이에 모여
달린 등황색의 작은 꽃들이 꽃을
피우며 강한 향기를 낸다. 암수딴그
루이지만 일본에는 수나무밖에 없
기 때문에 열매가 열리지 않는다.

목서

물푸레나무과 목서속. 중국 원산.
향기가 나는 흰색 꽃이 특징이다.
잎겨드랑이에 지름 약 4밀리미터
의 작은 꽃이 모여 달린다.

연노랑목서

물푸레나무과 목서속. 목서의 변
종. 꽃의 색은 연노랑색이다. 목서
보다 약간 크고 꽃자루도 조금 크
다. 향기는 조금 약하다.

1 | 납매

2 | 서향

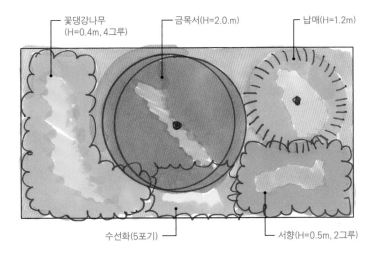

꽃댕강나무
(H=0.4m, 4그루)

금목서(H=2.0.m)

납매(H=1.2m)

수선화(5포기)

서향(H=0.5m, 2그루)

3 | 우묵사스레피

4 | 꽃댕강나무

5 | 수선화

6 | 산나리

[식재 방법]
꽃향기로 계절을 느낄 수 있는 정원을 만든다

금목서는 향기가 좋은 대표적인 수목이라고 할 수 있다. 크게 자라는 수목이 아닌 까닭에 비교적 좁은 곳에도 심을 수 있지만, 생장이 좋고 옆으로 가지를 풍성하게 뻗기 때문에 너무 협소한 공간에 심으면 비좁은 느낌이 든다. 생울타리로도 활용이 가능하지만 꽃향기가 상당히 강해서 많이 심을 경우 주의가 필요하다.

아래에서부터 가지가 분기해 생장하기 때문에 저목을 밑동 근처까지 빈틈없이 심지 말고 어느 정도 공간을 만들도록 한다. 금목서는 조금 딱딱한 인상을 주기 때문에 수형이 조금 흐트러지는 꽃댕강나무를 함께 심어서 정원의 인상을 부드럽게 한다. 견실한 느낌을 만들고 싶다면 우묵사스레피가 좋다. 꽃댕강나무는 5월부터 11월까지 꽃을 피우고 향기를 발산한다. 초봄에 꽃을 피우며 향기가 좋은 납매와 납매 이후에 꽃을 피우는 서향을 함께 심으면 1년 내내 향기를 즐길 수 있는 정원이 된다.

1 납매
　H=1.2m

2 서향
　H=0.5m

3 우묵사스레피
　H=0.5m

4 꽃댕강나무
　H=0.4m

5 수선화

6 산나리

상 록 활 엽 수

상 록 활 엽 수

|고목

|중목

꽝꽝나무

Ilex crenata

감탕나무과 감탕나무속

이명
좀꽝꽝나무

수고
1.8m

수관폭
0.8m

흉고 둘레
― ―

꽃 피는 시기
5~6월

열매 익는 시기
11월

식재 적기
3~4월, 9~10월

환경 특성

	중간	
일조 | 양달		응달
습도 | 건조		습윤
온도 | 높음		낮음

식재 가능
전국 대부분 지역

자연 분포
한국, 일본

잎

잎몸은 길이 15~30밀리미터의 타원형으로 잎자루가 짧으며 가지에 촘촘하게 어긋나기로 달린다. 진한 녹색에 광택이 나며 잎 가장자리에는 작은 톱니가 있다.

생울타리

맹아력이 뛰어난 수목이어서 생울타리로 많이 사용된다. 또한 연해(煙害), 염해(鹽害)에 강해 도심이나 해안 지대의 식재에 적합하다. 단 건조한 환경에는 약하니 주의가 필요하다.

회양목

회양목과 회양목속의 상록 활엽수. 일본어 명칭(쓰게)이 꽝꽝나무(이누쓰게)와 비슷하지만 전혀 다른 종이다. 정원용으로 사용되는 일은 거의 없으며 목재로서 판목이나 장기 말, 빗 등의 재료로 사용된다.

1 | 영산홍

2 | 콘벡사꽝꽝나무

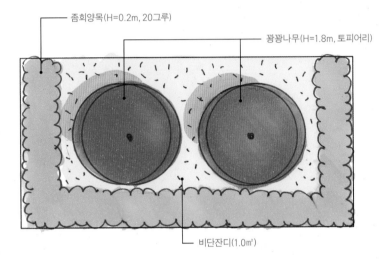

좀회양목(H=0.2m, 20그루)

꽝꽝나무(H=1.8m, 토피어리)

비단잔디(1.0㎡)

3 | 좀회양목

4 | 비단잔디

화분에 심은 꽝꽝나무

[식재 방법]
깎아 다듬기를 반복해 원하는 조형으로 완성한다

꽝꽝나무는 작은 잎이 촘촘하게 나와서 조형이 용이한 까닭에 깎아 다듬기를 통해 원하는 형태를 만들 수 있다. 일본풍 정원으로 만들고 싶다면 구름 모양이나 공 모양으로 다듬고, 일본풍 정원의 느낌을 그다지 강조하고 싶지 않다면 토피어리가 좋다. 토피어리는 수목을 다듬어서 왕관 모양이나 동물 모양 등을 만드는 것으로, 프랑스나 독일의 정원에서 종종 볼 수 있다. 토피어리에 정해진 모양은 없으니 좋아하는 동물의 모양을 만들거나 기하학적인 형태를 만드는 등 개성이 넘쳐나는 초록 공간을 만들면 된다.

꽝꽝나무와 조합할 수목도 깎아 다듬기를 잘 견디고 조형이 용이한 작은 잎의 상록수를 사용한다.

저목으로는 낮은 높이로 다듬을 수 있는 영산홍, 콘벡사꽝꽝나무, 좀회양목 등을 선택한다. 또한 지피류는 단정한 느낌을 주도록 잔디 정도만 심는 편이 좋다.

1 영산홍
H=0.3m

2 콘벡사꽝꽝나무
H=0.3m

3 좀회양목
H=0.2m

4 비단잔디

상 록 활 엽 수

고목

녹나무

중목

Cinnamomum camphora

녹나무과 녹나무속

이명
장뇌목, 장목

수고
3.0m

수관폭
0.8m

흉고 둘레
15cm

꽃 피는 시기
5~6월

열매 익는 시기
11~12월

식재 적기
3월 중순~4월 하순,
6월 하순~7월 초순,
9월

환경 특성

	중간	
일조 | 양달	——┼——	응달
습도 | 건조	——┼——	습윤
온도 | 높음	——┼——	낮음

식재 가능
남부 지방

자연 분포
한국, 일본, 중국, 타이완,
동남아

잎

잎몸은 길이 2~5센티미터의 계
란형~타원형이며 어긋나기로 달
린다. 양쪽 끝이 모두 뾰족하다.
약간 가죽질이며 양면 모두 털은
없다. 앞면은 녹색에 광택이 있고
뒷면은 회백색이다.

꽃

잎겨드랑이에서 원뿔꽃차례가 직
립해 끝이 6갈래로 갈라진 지름
5밀리미터 정도의 작은 꽃을 여러
개 피운다. 꽃의 색은 처음에 흰색
이지만 나중에는 황록색을 띤다.

열매

지름 7~8밀리미터의 구형 액과로
과피 속에는 원형 종자가 1개 들
어 있다. 처음에는 연한 녹색이지
만 11~12월에 익으면 검은색이
된다.

1 | 돈나무

2 | 히라도철쭉

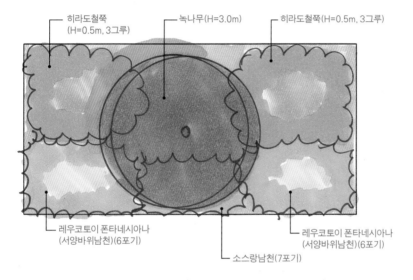

히라도철쭉
(H=0.5m, 3그루)

녹나무(H=3.0m)

히라도철쭉(H=0.5m, 3그루)

레우코토이 폰타네시아나
(서양바위남천)(6포기)

레우코토이 폰타네시아나
(서양바위남천)(6포기)

소스랑남천(7포기)

[식재 방법]
언제나 밝은 녹색을 즐길 수 있는 정원

녹나무는 밝은 녹색의 잎을 가진 상록수다. 생장이 빠르고 줄기도 굵어지기 때문에 최근에는 정원수로 잘 사용되지 않고 있지만, 가지치기를 잘 견디므로 자주 가지치기를 해 주면 도시 지역의 단독 주택에서도 이용할 수 있다.

녹나무는 크게 자라므로 정원의 중앙에 심는다. 밑가지가 말라 죽기 쉽기 때문에 허전해지지 않도록 저목도 충분히 심어 준다. 잎의 색이 밝은 돈나무나 철쭉 중에서도 잎의 색이 밝은 히라도철쭉을 심으면 전체적으로 인상이 밝아진다.

또한 잎이 많이 나는 녹나무의 아래 부분은 햇볕이 잘 닿지 않기 때문에 지피로는 응달과 햇볕에 모두 강한 종류를 고른다. 레우코토이 폰타네시아나(서양바위남천)와 소스랑남천은 잎이 밝은 녹색이고 단풍도 즐길 수 있다. 높이를 낮게 하고 싶다면 왜란이나 아욱메풀이 좋다.

3 | 레우코토이 폰타네시아나 (서양바위남천)

4 | 소스랑남천

5 | 왜란

6 | 아욱메풀

1 돈나무
H=0.5m

2 히라도철쭉
H=0.5m

3 레우코토이 폰타네시아나
(서양바위남천)
H=0.3m

4 소스랑남천

5 왜란

6 아욱메풀

고목

상 록 활 엽 수

담팔수

Elaeocarpus sylvestris var. ellipticus

중목

담팔수과 담팔수속

이명
담팔수나무

수고
3.0m

수관폭
0.8m

흉고 둘레
15cm

꽃 피는 시기
7~8월

열매 익는 시기
11~2월

식재 적기
3월 하순~5월 초순,
6월 중순~7월 중순, 9월

환경 특성

	양달	중간	응달
일조		—	
습도	건조	—	습윤
온도	높음	—	낮음

식재 가능
남부 지방

자연 분포
한국(제주도), 일본 남부

잎

잎몸은 길이 5~12센티미터의 도피침형 또는 장타원형이다. 잎은 어긋나기로 가지 끝에 모여서 달린다. 소귀나무와 닮았지만 오래된 잎은 빨갛게 단풍이 든다는 점이 다르다.

열매

길이 1.5~2센티미터의 타원형. 11~2월에 흑자색으로 익는다. 물푸레나무과인 올리브나무의 과실과 매우 닮았지만 더 소형이며 기름은 짜낼 수 없다.

올리브 열매

일본에서는 담팔수를 '호루토노키(포르투갈의 나무)'라고 부른다. 이것은 본래 올리브를 의미했지만 에도 시대 학자인 히라가 겐나이가 담팔수를 올리브로 착각하는 바람에 담팔수를 의미하는 말이 되었다.

1 | 소녀 시리즈 목련

2 | 자목련

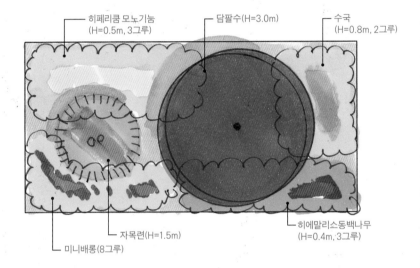

히페리쿰 모노기늄
(H=0.5m, 3그루)

담팔수(H=3.0m)

수국
(H=0.8m, 2그루)

자목련(H=1.5m)

미니배롱(8그루)

히에말리스동백나무
(H=0.4m, 3그루)

[식재 방법]
녹색의 나무를 중심으로 1년 내내 다채로운 색을 즐길 수 있는 정원

잎의 색이 밝은 담팔수를 선명한 색의 꽃이나 열매가 나는 수목과 조합하면 1년 내내 다채로운 색을 즐길 수 있는 정원이 된다.

중목으로는 봄에 꽃이 피는 자목련이나 소녀 시리즈 목련을 심는다. 자목련과 소녀 시리즈 목련은 목련의 일종으로 목련보다 조금 늦게 꽃이 핀다. 다간 수형으로 자라는 것이 특징이며 높이에 비해 부피감이 있어 화려한 분위기를 연출한다.

저목으로는 초여름에 큰 꽃이 피는 히페리쿰 모노기늄이나 장마철에 꽃이 피는 수국, 여름에 꽃이 피는 미니배롱, 가을~겨울에 꽃이 피는 히에말리스동백나무를 심으면 1년 내내 담팔수의 녹색과 저목, 중목의 꽃을 즐길 수 있다.

히페리쿰 모노기늄은 응달진 곳을 좋아하는 편이므로 담팔수 아래에 배치한다. 수국은 높이 자라기 때문에 자목련 등과는 반대쪽에 배치한다.

3 | 수국

4 | 히페리쿰 모노기늄

5 | 히에말리스동백나무

6 | 미니배롱

1 소녀 시리즈 목련
H=1.5m

2 자목련
H=1.5m

3 수국
H=0.8m

4 히페리쿰 모노기늄
H=0.5m

5 히에말리스동백나무
H=0.4m

6 미니배롱
H=0.2m

상록 활엽수

고목

중목

돌참나무

Lithocarpus edulis

참나무과 돌참나무속

이명
——

수고
2.5m

수관폭
0.5m

흉고 둘레
——

꽃 피는 시기
6월

열매 익는 시기
10월(이듬해)

식재 적기
3월 하순~5월,
6월 하순~7월 중순,
9~10월

환경 특성

	중간	
일조: 양달	——┼——	응달
습도: 건조	—┼———	습윤
온도: 높음	—┼———	낮음

식재 가능
중부 이남

자연 분포
전라도, 일본 원산

잎

두꺼운 가죽질에 광택이 있고 앞면은 진한 녹색, 뒷면은 회록갈색이며 가는 비늘털이 나 있다. 잎몸은 길이 9~20센티미터의 도란상 장타원형이고 어긋나기로 달리며 잎 가장자리는 밋밋하다.

꽃

꽃이 피는 시기는 6월이다. 암꽃과 수꽃 모두 이삭꽃차례로 잎겨드랑이에서 직립한다. 수꽃은 황갈색에 길이 5~8센티미터이며 암꽃은 녹색에 길이 5~9센티미터다.

열매

길이 2~3센티미터의 장타원형으로 이듬해 가을에 익는다. 하부는 지름 약 1.5센티미터의 주발 모양 각두에 둘러싸여 있다. 바깥면에는 비늘 조각이 기왓장처럼 포개져 있다.

1 | 졸가시나무

2 | 금목서

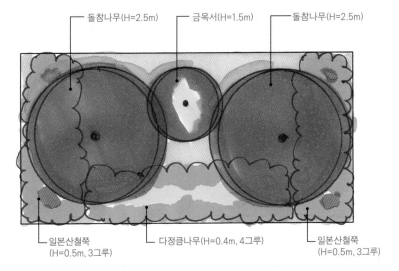

돌참나무(H=2.5m)　　금목서(H=1.5m)　　돌참나무(H=2.5m)

일본산철쭉
(H=0.5m, 3그루)　　다정큼나무(H=0.4m, 4그루)　　일본산철쭉
(H=0.5m, 3그루)

3 | 애기동백나무

4 | 꽝꽝나무

5 | 일본산철쭉

6 | 다정큼나무

[식재 방법]
왕래가 많은 도로변의 방음 효과를 기대한다

돌참나무는 잎이 크고 빽빽하게 달리기 때문에 줄지어 심어서 녹색의 벽을 만들면 차폐성이 높아져 방음 효과를 기대할 수 있다. 대기 오염에도 강해서 사람이나 자동차의 왕래가 많은 장소에 최적인 수종이다.

사람이나 자동차의 왕래가 잦은 장소일 경우, 함께 심을 수목도 대기 오염에 강한 것을 고른다. 중목으로는 졸가시나무, 꽝꽝나무, 애기동백나무, 저목으로는 다정큼나무, 히라도철쭉의 품종인 일본산철쭉, 돈나무 등이 좋다.

폭이 2미터 정도인 정원에서는 2~3그루를 나란히 심고 그 사이에 중목을 심는다. 이렇게 하면 상록수의 녹색이 중심인 정원이 되므로 화사한 색을 더하고 싶다면 애기동백나무를, 향기를 즐기고 싶다면 금목서 등을 조합한다.

하부에 가지가 없는 수형이 될 때가 많아 공간이 비므로 일본산철쭉이나 다정큼나무 등 부피감이 있는 상록 저목을 조합해 밀도를 높인다.

1　졸가시나무
　　H=2.0m

2　금목서
　　H=1.5m

3　애기동백나무
　　H=1.5m

4　꽝꽝나무
　　H=0.5m

5　일본산철쭉
　　H=0.5m

6　다정큼나무
　　H=0.4m

상 록 활 엽 수

고목

중목

동백나무

Camellia japonica

차나무과 동백나무속

이명
산다목

수고
2.0m

수관폭
0.6m

흉고 둘레
－－

꽃 피는 시기
2~4월

열매 익는 시기
9~10월

식재 적기
3~4월 초순,
6월 하순~7월, 9월

환경 특성

일조	양달 ——	——	—— 응달
습도	건조 ——	—— 습윤
온도	높음	—— 낮음

중간

식재 가능
중부 이남

자연 분포
한국 남부, 중국, 일본

꽃

꽃이 피는 시기는 2~4월. 5개의 꽃잎을 가진 빨간색 꽃이 가지 끝에 1개씩 달린다. 길이 3~5센티미터의 꽃잎이 통 모양으로 핀다. 애기동백처럼 활짝 펼쳐지지는 않는다.

눈동백나무

동해 방면의 눈이 쌓이는 지역에 분포하는 저목. 이름은 눈이 많은 지방에 자생하는 것에서 유래했다. 꽃의 색은 동백나무와 비슷하다.

동백나무 '와비스케'

동백나무 등에 비해 꽃이 소형이며 작게 오므린 입처럼 열리는 것이 특징이다. 색은 빨간색과 진한 분홍색, 연한 분홍색 등이 있다.

1 | 백당수국

2 | 남천

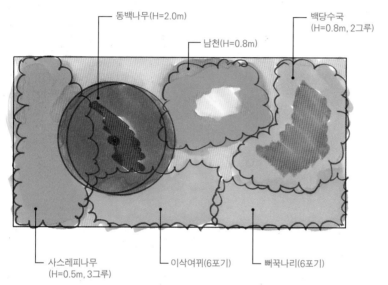

동백나무(H=2.0m)

남천(H=0.8m)

백당수국
(H=0.8m, 2그루)

사스레피나무
(H=0.5m, 3그루)

이삭여뀌(6포기)

뻐꾹나리(6포기)

[식재 방법]
겨울의 반음지 정원을 선명한 색의 꽃으로 장식한다

따뜻한 지역의 야산에서 볼 수 있는 빨간 꽃인 동백꽃은 다도에서 사용되는 대표적인 다화(茶花)이기도 하다. 동백나무의 가장 큰 매력은 겨울에서 봄에 걸쳐 피는 선명한 색의 꽃이라고 할 수 있다.

동백나무는 햇볕이 잘 드는 건조한 곳을 좋아하지 않기 때문에 촉촉한 반음지 공간에 꽃을 부각시키듯이 배치하는 것이 포인트다.

중심목으로는 수고가 2.0미터 전후인 것을 이용한다. 동백나무와 마찬가지로 꽃을 다화로 이용할 수 있는 남천을 동백나무보다 조금 낮은 높이로 억제시켜서 함께 심는다. 수국도 잘 조화를 이루지만 백당수국을 이용하는 편이 더욱 촉촉한 느낌을 준다.

아래 부분은 녹색의 밀도를 높이도록 의식하며 채운다. 저목으로는 사스레피나무를 기반으로 봄에 꽃을 즐길 수 있는 황매화를, 지피로는 뻐꾹나리나 이삭여뀌 등 들풀의 분위기가 물씬 풍기는 것을 선택한다.

3 | 황매화

4 | 사스레피나무

5 | 뻐꾹나리

6 | 이삭여뀌

1 백당수국
H=0.8m

2 남천
H=0.8m

3 황매화
H=0.8m

4 사스레피나무
H=0.5m

5 뻐꾹나리

6 이삭여뀌

상록 활엽수

동청목

Ilex pedunculosa

감탕나무과 감탕나무속

이명
－－

수고
2.5m

수관폭
0.7m

흉고 둘레
다간 수형

꽃 피는 시기
5~6월

열매 익는 시기
10~11월

식재 적기
2~4월, 6~7월, 9~10월

환경 특성

일조	양달	중간	응달
습도	건조		습윤
온도	높음		낮음

식재 가능
중부 이남

자연 분포
일본 원산, 중국 중남부,
타이완

꽃

암수딴그루. 암꽃·수꽃 모두 지름 4밀리미터 정도의 작은 꽃이 잎겨드랑이에 달린다. 수꽃은 취산꽃차례로 여러 개가 달리며 암꽃은 1~3개가 달린다.

열매

과실은 지름 7~8밀리미터의 구형 핵과로 3~4센티미터의 긴 열매꼭지 끝에 매달리듯 달린다. 처음에는 녹색이지만 10~11월에 익으면 빨간색이 된다.

줄지어 심기

상징목 이외에 생울타리, 시선 차단용으로도 이용할 수 있다. 맹아력도 있어서 관리는 용이하다. 최적의 식재 시기는 6~7월이지만 2~4월이나 9~10월도 가능하다.

1 | 백단심계 무궁화

2 | 서향

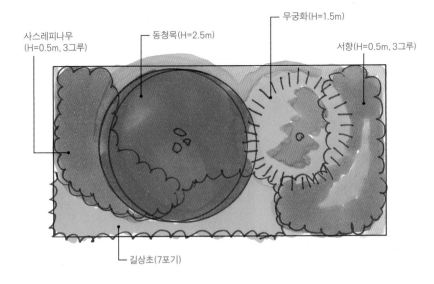

사스레피나무
(H=0.5m, 3그루)

동청목(H=2.5m)

무궁화(H=1.5m)

서향(H=0.5m, 3그루)

길상초(7포기)

[식재 방법]
어두운 북쪽 정원에 밝은 녹색을 들인다

동청목은 잎이 그다지 빽빽하게 달리지 않고 잎의 색도 밝은 녹색이며 잎의 뒷면이 약간 흰색인 까닭에 경쾌한 인상을 주는 상록수다. 생장해도 수고가 5~10미터 정도여서 넓지 않은 정원에도 적합하다. 또한 상록수 치고는 추위나 응달에도 강하기 때문에 북쪽의 녹지나 중앙 정원 등에도 이용할 수 있다.

동청목은 다간 수형에 가지가 많이 갈라져 나온 것이 풍경을 만들기 좋다. 열매와 녹색 풍경을 즐길 수 있어서 중목, 저목, 지피류는 꽃이나 향을 즐길 수 있는 것을 조합하면 좋다.

다간 수형의 동청목을 6:4의 위치에 배치하고 응달에 강하며 여름에 꽃을 오랫동안 즐길 수 있는 무궁화를 함께 심는다. 무궁화는 추위와 건조한 환경에도 강하다. 여기에 향기를 즐길 수 있는 서향이나 1년 내내 녹색을 볼 수 있는 사스레피나무 또는 차나무, 지피류는 길상초나 맥문동을 균형 있게 배치한다.

3 | 차나무

4 | 사스레피나무

5 | 길상초

6 | 맥문동

1 백단심계 무궁화
　H=1.5m

2 서향
　H=0.5m

3 차나무
　H=0.5m

4 사스레피나무
　H=0.5m

5 길상초

6 맥문동

상 록 활 엽 수

고목

중목

먼나무

Ilex rotunda

감탕나무과 감탕나무속

이명
좀감탕나무

수고
3.0m

수관폭
0.8m

흉고 둘레
15cm

꽃 피는 시기
5~6월

열매 익는 시기
11~2월

식재 적기
4~5월 중순,
6월 중순~7월,
9월

환경 특성
일조｜양달 ─── 중간 ─── 응달
습도｜건조 ─── ── 습윤
온도｜높음 ─── ── 낮음

식재 가능
남부 지방

자연 분포
한국(제주도, 보길도), 일본,
타이완, 중국

잎

깊은 녹색의 매끄러운 잎은 가죽
질에 광택이 있으며 뒷면은 연한
녹색이다. 잎몸은 길이 5~8센티
미터의 타원형~광타원형이며 어
긋나기로 달린다. 잎 끝은 뾰족하
고 잎 가장자리는 밋밋하다.

열매

과실은 5~8밀리미터의 구형 핵
과(核果)로 수많은 열매가 모여서
달린다. 11월~이듬해 2월에 빨간
색으로 익는다. 암수딴그루이므로
열매를 즐기고 싶다면 암나무를
심는다.

감탕나무

감탕나무과 감탕나무속. 이명은
떡가지나무, 끈제기나무. 암수딴그
루다. 잎몸은 길이 4~8센티미터
의 도란상타원형(倒卵狀楕圓形)이
며 어긋나기로 달린다. 두꺼운 가
죽질에 광택이 있고 잎 가장자리
는 밋밋하다.

1 | 일본가막살나무

2 | 가막살나무

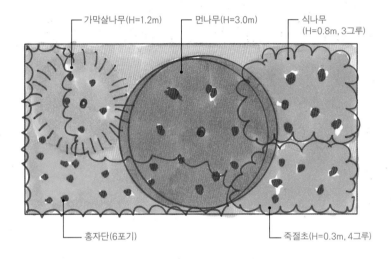

가막살나무(H=1.2m)　　먼나무(H=3.0m)　　식나무
　　　　　　　　　　　　　　　　　　　　(H=0.8m, 3그루)

홍자단(6포기)　　　　　　　죽절초(H=0.3m, 4그루)

[식재 방법]
겨울철에 빨간 열매를 즐길 수 있는 정원을 만든다

낙엽수만으로 정원을 구성하면 겨울철에는 꽃이 적고 잎이 전부 떨어져서 쓸쓸한 인상의 정원이 되는 경향이 있다. 그럴 때는 상록수이면서 겨울에 빨간 열매를 즐길 수 있는 먼나무를 사용하는 것도 한 가지 방법이다. 역시 겨울철에 빨간 열매를 맺지만 크게 자라지 못하는 동청목이나 피라칸타 등과 달리 크게 자라는 먼나무는 정원의 중심목으로 사용하기 좋은 귀중한 수목이다.

먼나무는 정원에서 햇볕이 잘 드는 위치에 심는다. 크게 자라면 밑동 부분이 어두워지므로 응달을 좋아하는 식나무 등을 함께 심는다. 양달을 어느 정도 확보할 수 있다면 낙엽수인 가막살나무나 일본가막살나무도 좋다.

저목으로는 상록수이면서 겨울에 빨간 열매가 달리는 홍자단을 고른다. 지면을 기어가듯이 생장하기 때문에 높이를 낮게 억제하고 싶을 때 좋다. 해맞이용 장식으로 사용하는 죽절초나 자금우도 겨울에 빨간 열매를 맺는다.

3 | 식나무

4 | 죽절초

5 | 홍자단

6 | 자금우

1 일본가막살나무
　H=1.2m

2 가막살나무
　H=1.2m

3 식나무
　H=0.8m

4 죽절초
　H=0.3m

5 홍자단

6 자금우

상 록 활 엽 수

고목

중목

비파나무

Eriobotrya japonica

장미과 비파나무속

이명
비파, 비파엽

수고
2.0m

수관폭
0.8m

흉고 둘레
– –

꽃 피는 시기
11월 중순~2월 하순

열매 익는 시기
5~6월

식재 적기
3월 하순, 6월 하순,
9~10월
※ 새로 심기는 가능하지만
옮겨심기는 불가능

환경 특성

	중간	
일조	양달 ——————┃——	응달
습도	건조 ——————┃——	습윤
온도	높음 ——┃————————	낮음

식재 가능
남부 지방

자연 분포
한국, 일본, 중국

잎

잎몸은 길이 15~20밀리미터의 광도피침형~협도란형이다. 끝은 뾰족하며 기부는 점차 좁아지면서 꽃자루로 이어진다. 뒷면에는 갈색의 샘털이 빽빽하게 나 있다.

열매

지름 3~4센티미터의 광타원형이며 5~6월에 등황색으로 익는다. 과실은 달아서 날로 먹거나 통조림으로 만들며 약간 대형인 종자는 행인(살구 씨의 알맹이)을 대신하는 한약재로 이용된다.

천선과나무

뽕나무과 무화과나무속. 일본어 명칭(이누비와)이 비파나무(비와)와 비슷하지만 전혀 다른 종이다. 과실은 가을에 흑자색으로 익는데 먹을 수 있는 것은 암나무의 열매뿐이다.

1 | 보리수나무

2 | 풍겐스보리장나무

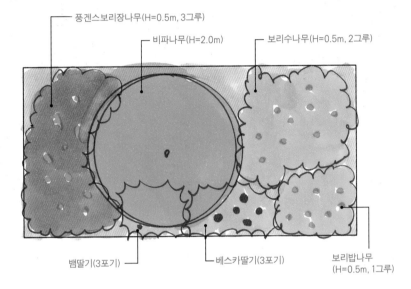

풍겐스보리장나무(H=0.5m, 3그루)

비파나무(H=2.0m)

보리수나무(H=0.5m, 2그루)

뱀딸기(3포기)

베스카딸기(3포기)

보리밥나무
(H=0.5m, 1그루)

[식재 방법]
수고를 들이지 않고도 열매를 즐길 수 있는 정원

비파나무를 중심목으로 선택한다면 과실이 달리는 수목을 함께 심어 열매를 즐길 수 있는 정원으로 만드는 것이 좋다.

비파나무는 위로도 옆으로도 풍성하게 자라기 때문에 저목과 떨어뜨려 단독으로 심도록 한다.

저목으로는 방치해도 식용이 가능한 열매가 달리는 보리수나무 종류가 좋다. 비파나무 옆의 햇볕이 잘 들고 통풍이 잘되는 곳에 심는다. 가을에 열매가 달리는 상록수인 보리수나무, 해안 지방이나 산야에서 자생하는 상록수인 풍겐스보리장나무나 보리밥나무 등이 있다.

보리수나무 종류는 생장이 빠르기 때문에 자라면 대담하게 가지치기를 한다. 보리수나무 종류 이외에 블루베리를 심어도 좋다.

지피로는 베스카딸기나 뱀딸기 등이 잘 어울린다. 베스카딸기는 많지는 않지만 식용이 가능한 열매가 달린다. 뱀딸기는 먹어도 맛이 없지만 허브로 활용할 수 있다.

3 | 블루베리

4 | 보리밥나무

5 | 뱀딸기

6 | 베스카딸기

1 보리수나무
H=0.5m

2 풍겐스보리장나무
H=0.5m

3 블루베리
H=0.5m

4 보리밥나무
H=0.5m

5 뱀딸기

6 베스카딸기

상록 활엽수

고목 | 중목

비쭈기나무

Cleyera japonica

펜타필락스과 비쭈기나무속

이명
빗죽이나무, 빗죽나무

수고
2.5m

수관폭
0.6m

흉고 둘레
－ －

꽃 피는 시기
12~3월

열매 익는 시기
－ －

식재 적기
3~4월,
6월 하순~7월 중순, 9월

환경 특성
	중간	
일조	양달 ———┼— 응달	
습도	건조 ———┼— 습윤	
온도	높음 ┼——— 낮음	

식재 가능
남부 지방

자연 분포
한국, 일본, 타이완

잎

잎몸은 길이 7~10센티미터의 장타원형이고 잎 가장자리는 밋밋하며 어긋나기로 달린다. 매우 비슷하게 생긴 수종인 사스레피나무는 약간 소형이며 잎 가장자리가 톱니 모양이라는 차이점이 있다.

사스레피나무

차나무과 사스레피나무속. 이명은 가새목, 섬사스레피나무. 생울타리 등에 많이 사용된다. 간토 지방에서는 비쭈기나무의 대용품으로 잎과 가지를 제사에 사용한다.

우묵사스레피

차나무과 시스레피나무속. 이명은 섬쥐똥나무, 개사스레피나무. 따뜻한 지역의 해안에 자생한다. 조해(潮害), 대기 오염, 병충해에 강하다. 사스레피나무 등에 비해 잎 끝이 둥글다.

1 | **구골나무**

2 | **남천**

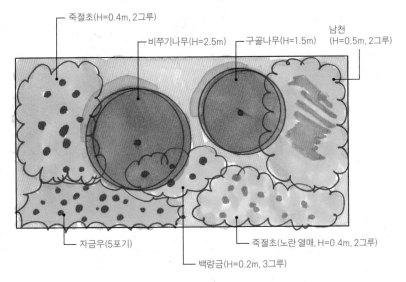

죽절초(H=0.4m, 2그루)

비쭈기나무(H=2.5m)　　구골나무(H=1.5m)

남천
(H=0.5m, 2그루)

자금우(5포기)

백량금(H=0.2m, 3그루)

죽절초(노란 열매, H=0.4m, 2그루)

[식재 방법]

상서로운 수목으로 정원을 구성한다

비쭈기나무는 간토 이서 지역에 분포하는 상록수로 신사(神社)에 많이 심는 상서로운 수목이다. 정원수로 이용할 경우 진한 녹색의 잎을 활용해 정원의 배경을 만들면 좋다. 잎의 색이 너무 어둡게 느껴진다면 잎이 약간 밝은 녹색인 사스레피나무를 대신 사용할 수도 있다. 아울러 함께 심을 수목도 비쭈기나무와 마찬가지로 상서롭다고 여겨지는 것을 고르면 스토리가 있는 정원을 만들 수 있다.

비쭈기나무를 중심에서 살짝 벗어난 곳에 심고, 그 옆에 구골나무(입춘 전날에 귀신을 봉인한다는 나무)를 심는다. 좌우의 비어 있는 공간에는 남천(재난을 피하게 해 준다는 나무)이나 죽절초(금전운을 가져다준다는 나무)를 심는다. 남천은 시간이 지나면 처음 심었을 때보다 풍성해지기 때문에 가급적 넓은 쪽 공간에 심는다. 죽절초는 빨간 열매 이외에 노란색 열매도 있어서 함께 조합하면 정원이 더욱 아기자기해진다. 정원의 앞쪽에는 백량금(금전운)이나 자금우(금전운)를 심어서 공간을 채운다.

3 | **죽절초**

죽절초(노란 열매)

4 | **백량금**

5 | **자금우**

1 구골나무
H=1.5m

2 남천
H=0.5m

3 죽절초
H=0.4m

4 백량금
H=0.2m

5 자금우

상 록 활 엽 수

생달나무

Cinnamomum yabunikkei

녹나무과 녹나무속

이명
신신무, 계피나무, 천축계

수고
2.5m

수관폭
0.8m

흉고 둘레
――

꽃 피는 시기
6월

열매 익는 시기
10~11월

식재 적기
3월 하순~4월,
6월 하순~7월 중순, 9월

환경 특성
일조 | 양달 ――――+――― 응달
습도 | 건조 ――+――――― 습윤
온도 | 높음 ―+――――― 낮음

식재 가능
전남, 제주도

자연 분포
한국, 중국, 일본

잎

잎몸은 7~10센티미터의 장타원형이며 어긋나기로 달린다. 3맥이 두드러지며 2개의 측맥은 잎 끝까지 이어지지 않고 도중에 사라진다(육계나무의 경우는 측맥이 잎 끝까지 이어진다). 향내가 있다.

꽃

6월에 가지 끝의 잎맥에서 긴 자루가 나오며 연한 황록색의 작은 꽃이 산형꽃차례로 수 개씩 달린다. 꽃덮이는 통 모양이며 상부는 6갈래로 갈라진다. 향기는 거의 없다.

육계나무

녹나무과 녹나무속. 육계나무는 규슈와 오키나와에 자연 분포하고 있다. 생달나무보다 잎의 향이 강한 것이 특징이다.

1 | 아왜나무

2 | 동백나무

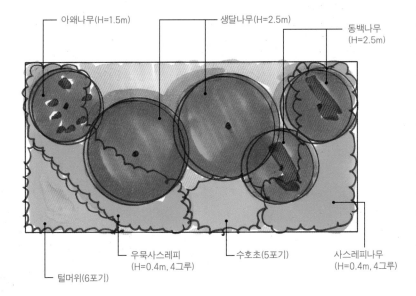

아왜나무(H=1.5m)
생달나무(H=2.5m)
동백나무(H=2.5m)
우묵사스레피(H=0.4m, 4그루)
수호초(5포기)
사스레피나무(H=0.4m, 4그루)
털머위(6포기)

[식재 방법]
시선 차단 기능과 방풍 기능을 겸비한 녹색 벽을 만든다

생달나무는 따뜻한 지방의 야산에서 쉽게 볼 수 있는 수목이다. 꽃이나 열매는 별다른 특징이 없지만 생장이 좋고 잎도 무성하게 달리기 때문에 주변의 시선을 차단하려는 목적의 식재에 적합하다. 또한 바닷바람에 강한 편이라 바다에서 조금 떨어진 장소에서 방풍 기능을 기대하며 이용할 수도 있다.

잎의 색이 약간 어둡기 때문에 생달나무만으로 녹색 벽을 만들면 답답해 보일 수 있다. 주변의 시선이나 바람이 신경 쓰이는 곳에 중점적으로 심고 그 밖의 곳에는 잎의 색이 조금 밝은 수종을 섞도록 하자. 역시 시선 차단 기능과 방풍 기능이 있는 아왜나무나 동백나무 등을 심으면 열매나 꽃을 즐길 수 있는 정원이 된다.

생달나무의 앞쪽에는 일조 조건이 조금 나쁘더라도 잘 자라는 사스레피나무나 우묵사스레피 등의 저목, 털머위나 수호초 등의 지피를 심어서 답답한 느낌을 줄인다.

3 | 우묵사스레피

4 | 사스레피나무

5 | 털머위

6 | 수호초

1 아왜나무
H=1.5m

2 동백나무
H=1.5m

3 우묵사스레피
H=0.4m

4 사스레피나무
H=0.4m

5 털머위

6 수호초

상록 활엽수

고목

중목

소귀나무

Morella rubra

소귀나무과 소귀나무속

이명
속나무

수고
3.0m

수관폭
0.8m

흉고 둘레
15cm

꽃 피는 시기
4~5월 중순

열매 익는 시기
6~7월

식재 적기
6~7월

환경 특성

	중간	
일조 ㅣ양달	─┼─	응달
습도 ㅣ건조	┼──	습윤
온도 ㅣ높음	┼──	낮음

식재 가능
남부 지방

자연 분포
한국(한라산), 일본, 중국
남부, 타이완

잎

광택이 없는 진한 녹색의 잎은 가
죽질이고 잎맥이 튀어나와 있다.
잎몸은 길이 5~12센티미터의 도
피침형이며 어긋나기로 빽빽하게
달린다. 잎 가장자리는 밋밋하다.

열매

지름 1.5~2센티미터의 구형으로
6월에 붉은색에서 암적색으로 익
으며 먹을 수 있다. 과실은 새콤달
콤해서 날로 먹어도 좋고 설탕 절
임이나 잼 등으로 만들어도 좋다.

복사나무

장미과 벚나무속. 일본어 명칭
(모모)이 소귀나무(야마모모)와 비
슷하지만 과·속이 전혀 다르다.
7~8월에 소귀나무보다 커다란
먹을 수 있는 과실이 황백색~분
홍색으로 익는다.

1 | **일본가막살나무**

2 | **가막살나무**

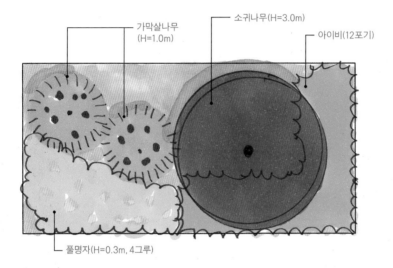

가막살나무
(H=1.0m)

소귀나무(H=3.0m)

아이비(12포기)

풀명자(H=0.3m, 4그루)

[식재 방법]
열매를 먹을 수 있는 나무를 집중적으로 심어서 수확을 즐긴다

소귀나무는 암수딴그루로 암나무는 초여름에 달콤한 열매를 맺는 과수적인 특징도 있다. 소귀나무를 심는다면 먹을 수 있는 열매가 나는 수목을 함께 심어 수확을 즐길 수 있는 정원으로 만들어 보자.

소귀나무는 비교적 응달에도 강하지만 열매를 즐기려면 햇볕이 잘 드는 곳에 심는다.

중목으로는 낙엽 활엽수인 가막살나무를 심는다. 봄에는 흰 꽃이 피고 가을에는 빨간 열매가 달려 관상하기에 좋다. 열매가 시큼해서 그대로는 먹을 수 없지만 과실주를 담그는 데 이용할 수 있다.

저목으로 풀명자를 심으면 봄에는 꽃을, 가을에는 커다란 노란색 열매를 즐길 수 있다. 앵도나무를 심으면 봄에 먹을 수 있는 열매가 달린다.

소귀나무가 아래쪽에 가지를 펼친다는 점과 열매를 수확해야 한다는 점을 고려해서 밑동 부분에는 거의 아무것도 심지 않도록 한다. 다만 정원이 허전해질 수 있으니 아이비나 홍자단으로 녹색의 밀도를 높인다.

3 | **우묵사스레피**

4 | **앵도나무**

5 | **풀명자**

6 | **아이비**

1 일본가막살나무
H=1.0m

2 가막살나무
H=1.0m

3 우묵사스레피
H=0.5m

4 앵도나무
H=0.4m

5 풀명자
H=0.3m

6 아이비

상 록 활 엽 수

고목

수레나무

Trochodendron aralioides

중목

수레나무과 수레나무속

이명
트로코덴드론
아랄리오이데스

수고
2.0m

수관폭
1.0m

흉고 둘레
－－

꽃 피는 시기
5~6월

열매 익는 시기
11~12월

식재 적기
3월, 6~7월, 9~10월

환경 특성

일조	양달 ══════ 중간 ══════╎ 응달
습도	건조 ══════════╎══ 습윤
온도	높음 ══════╎════ 낮음

식재 가능
중부 이남

자연 분포
일본, 중국, 타이완

잎

가지 끝에 돌려나기로 모여 달린
다. 잎몸은 길이 5~14센티미터의
광도란형 또는 장란형이다. 잎 끝
은 꼬리 모양으로 뾰족하며 기부
는 쐐기형이다. 가장자리에는 무딘
물결 모양의 톱니가 있다.

꽃

5~6월이 되면 가지 끝에서 길이
7~12센티미터의 총상꽃차례가
나와 황록색 꽃을 여러 개 피운다.
꽃은 지름이 약 1센티미터이며 꽃
받침이 없다. 수술은 5~10개가
돌려나기로 난다.

산비파나무

이름에 '비파'가 붙었지만 장미과
인 비파나무와 달리 나도밤나무과
다. 잎이 돌려나기는 아니지만 가
지 끝에 밀집해서 달리기 때문에
수레나무와 분위기가 비슷하다.
약간 탁한 녹색이다.

1 | 동석남화

2 | 서양석남화

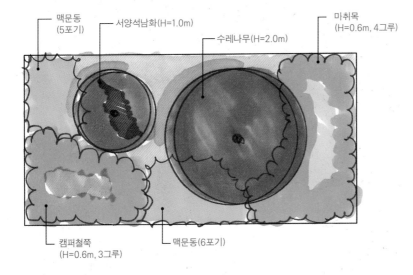

맥문동
(5포기)

서양석남화(H=1.0m)

수레나무(H=2.0m)

마취목
(H=0.6m, 4그루)

캠퍼철쭉
(H=0.6m, 3그루)

맥문동(6포기)

[식재 방법]
개성적인 잎과 수형을 강조한다

수레나무는 아마 거의 들어 본 적이 없었던 수목일 것이다. 생장이 매우 느리기 때문에 관리가 편해서 단독주택의 식재에 이용하기 좋은 나무다.

자연의 정취가 느껴지는 모습이지만 수레바퀴 모양으로 나오는 잎이나 둥근 수형이 약간은 열대 식물 같은 인상도 준다. 크고 화려한 꽃을 피우는 수목과 조합해서 개성이 넘치는 정원을 만들어 보자.

수레나무는 수고와 수관폭이 거의 같아지기 때문에 옆으로 퍼질 것을 충분히 고려해서 장소를 결정한다.

정원 공간의 왼쪽 또는 오른쪽으로 약간 치우치도록 수레나무를 심고 빈 공간에는 석남화 종류를 배치한다.

저목으로는 역시 꽃의 인상이 강렬한 캠퍼철쭉이나 수형이 흐트러지는 마취목을 조합한다. 지피는 맥문동 등 약간 높게 자라는 것을 심는다.

3 | 마취목

4 | 캠퍼철쭉

5 | 비치조릿대

6 | 맥문동

1 동석남화
H=1.0m

2 서양석남화
H=1.0m

3 마취목
H=0.6m

4 캠퍼철쭉
H=0.6m

5 비치조릿대

6 맥문동

상 록 활 엽 수

상 록 활 엽 수

아왜나무

Viburnum odoratissimum var. awabuki

고목

중목

연복초과 산분꽃나무속

이명
나무산호수

수고
2.5m

수관폭
0.8m

흉고 둘레
− −

꽃 피는 시기
6~7월

열매 익는 시기
9~11월

식재 적기
3월 초순, 6~7월,
9월 초순~ 중순

환경 특성

	중간	
일조 : 양달	┼	응달
습도 : 건조	┼	습윤
온도 : 높음	┼	낮음

식재 가능
중부 이남

자연 분포
한국(제주도), 일본, 타이완,
중국

꽃

6~7월에 작은 가지의 끝에서 대형 원뿔꽃차례가 나오며 약간 자주색이 들어간 작은 흰 꽃이 여러 개 달린다. 꽃부리는 끝이 짧게 5갈래로 갈라진 통 모양이며 길이는 약 6밀리미터다.

열매

길이 7~8밀리미터의 타원형 액과로 빨간 열매꼭지 끝에 여러 개가 달린다. 처음에는 산호처럼 아름다운 빨간색이지만 9~11월에 익으면 청흑색이 된다.

생울타리

깎아 다듬기에 강하고 분기가 잘 되며 밑가지가 시들지 않기 때문에 예전부터 생울타리로 사용되어 왔다. 내조성(耐潮性)이 있어 해안의 방풍 울타리로도 이용된다.

1 | 식나무

2 | 팔손이

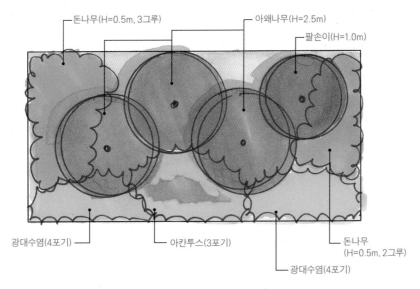

돈나무(H=0.5m, 3그루)   아왜나무(H=2.5m)

팔손이(H=1.0m)

광대수염(4포기)   아칸투스(3포기)   돈나무
(H=0.5m, 2그루)

광대수염(4포기)

[식재 방법]

크고 광택이 나는 잎을 가진 수목을 모아 열대 분위기를 낸다

아왜나무는 생장이 왕성하고 깎아 다듬기도 잘 견디며 부피감이 있기 때문에 2~4미터 정도의 높은 생울타리를 만들 때 이용하는 경우가 많다.

아왜나무의 크고 광택이 나는 잎은 열대 식물 같은 분위기를 풍긴다. 이 느낌을 살려서 열대 분위기가 나는 정원을 만들자. 식재 공간의 중심을 벗어난 곳에 아왜나무 2~3그루를 가깝게 배치한다. 그리고 아왜나무와 잎의 인상이 비슷한 저목인 돈나무와 팔손이를 곁들이듯 심어서 주위를 채운다. 팔손이는 커다란 손 모양과 풀 같은 잎색으로 열대 분위기를 만들어낼 수 있다. 햇볕이 잘 들지 않는 장소에서는 식나무나 자금우로도 같은 인상을 얻을 수 있다.

고대 서양의 기둥 디자인으로 사용되었던 아칸투스는 잎과 꽃이 특징적이어서 열대 분위기를 연출할 때 사용하기 좋은 지피류다. 사방으로 퍼지는 덩굴성 식물인 광대수염을 심으면 흐트러진 느낌을 낼 수 있다.

3 | 돈나무

5 | 광대수염

4 | 아칸투스

1 식나무
H=1.0m

2 팔손이
H=1.0m

3 돈나무
H=0.5m

4 아칸투스

5 광대수염

상 록 활 엽 수

고목

중목

애기동백나무

Camellia sasanqua

차나무과 동백나무속

이명
－－

수고
2.0m

수관폭
0.6m

흉고 둘레
－－

꽃 피는 시기
10~12월

열매 익는 시기
10월(이듬해)

식재 적기
3~5월 중순,
9월 중순~11월

환경 특성

	중간	
일조	양달 ———┼—	응달
습도	건조 ———┼—	습윤
온도	높음 —┼———	낮음

식재 가능
중부 이남

자연 분포
일본 중부 이남

꽃

원종은 흰색 또는 담홍색의 홑꽃
이 핀다. 동백나무와 비슷하지만
꽃잎이 한 장 한 장 떨어질 때 꽃
에서 은은한 향기가 나는 등의 차
이점이 있다.

생울타리

내음성(耐陰性), 내조성(耐潮性)이
있고 대기 오염과 가지치기에도
강하다. 가지치기를 해서 중심목
으로 사용하기도 하며 꽃을 즐길
수 있는 생울타리로도 많이 사용
된다.

히에말리스동백나무

애기동백나무와 동백나무의 교배
종으로 알려져 있지만 다른 설도
있다. 직립하지 않고 옆으로 자라
는 경향이 있어서 저목으로 이용
된다.

동백나무(흰 꽃)

1 | 화살나무

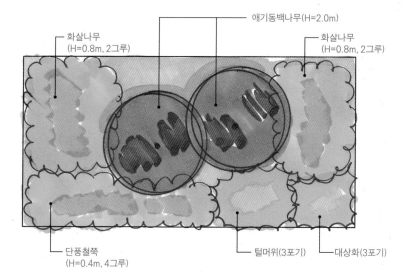

화살나무
(H=0.8m, 2그루)

애기동백나무(H=2.0m)

화살나무
(H=0.8m, 2그루)

단풍철쭉
(H=0.4m, 4그루)

털머위(3포기)

대상화(3포기)

[식재 방법]
가을의 색을 즐길 수 있는 정원을 만든다

본래 애기동백나무의 야생종은 흰색 또는 담홍색의 꽃이 피지만, 지금은 원예종의 빨간 꽃이 애기동백나무의 대표적인 이미지가 되었다. 가을에 꽃을 피우는 수목은 대부분이 상록수이며 종류는 그리 많지 않다. 꽃의 색이 진한 녹색 잎과 대비를 이뤄서 눈에 확 띄는 수목을 이용해 정원이 스산해지는 겨울이 되기 전에 따뜻한 녹색 공간을 만들도록 한다.

애기동백나무는 흰 꽃도 좋지만 꽃의 색이 다른 것을 여러 그루 조합하면 정원이 화려해진다. 애기동백나무를 간격이 일정하지 않게 정원 전체에 펼치듯 심는다. 저목으로는 화살나무나 단풍철쭉 같은 빨간 꽃이 아름다운 낙엽수를 심는다. 지피류로는 빨간색 꽃이 피는 소스랑남천이나 가을에 귀여운 꽃을 피우는 여러해살이풀인 대상화, 윤기가 도는 둥근 잎이 나고 가을에 민들레처럼 노란색 꽃을 피우는 털머위를 심는다.

2 | 단풍철쭉

3 | 대상화

4 | 털머위

5 | 소스랑남천

1 화살나무
H=0.8m

2 단풍철쭉
H=0.4m

3 대상화

4 털머위

5 소스랑남천

상록 활엽수

고목

중목

Olea europaea

올리브나무

물푸레나무과 올리브나무속

이명
감람나무

수고
1.8m

수관폭
0.6m

흉고 둘레
－－

꽃 피는 시기
5월 중순~7월 중순

열매 익는 시기
10~11월

식재 적기
4월 중순~6월

환경 특성

	중간	
일조	양달 ├────────	응달
습도	건조 ├────────	습윤
온도	높음 ├────────	낮음

식재 가능
남부 지방

자연 분포
지중해 지방 원산

잎

형태나 크기는 품종에 따라 다르지만 앞면은 전부 진한 녹색이고 뒷면은 회백색이며 광택이 있다. 잎은 마주나기로 달린다. 두꺼운 가죽질이고 딱딱하며 양면에 비늘털이 나 있다.

꽃

5~7월경에 전년 가지의 잎겨드랑이에서 원뿔꽃차례가 나오며 지름 6밀리미터 정도의 향기가 나는 작은 황백색 꽃이 많이 달린다. 꿀은 없다.

열매

길이는 1.2~4센티미터로 품종에 따라 크기와 모양이 제각각이다. 꽃이 진 뒤에 작은 럭비공 모양의 녹색 열매가 달리며 완전히 익으면 흑자색이 된다.

1 | 로즈메리

2 | 백리향

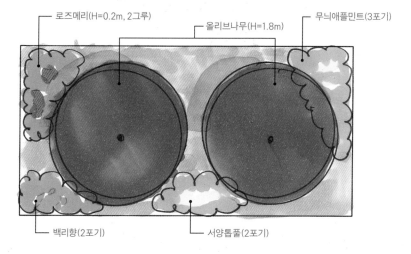

로즈메리(H=0.2m, 2그루)　올리브나무(H=1.8m)　무늬애플민트(3포기)

백리향(2포기)　서양톱풀(2포기)

3 | 서양톱풀

4 | 애플민트

5 | 서양백리향

6 | 무늬애플민트

[식재 방법]

올리브나무를 중심으로 허브를 함께 심어 키친 가든을 만든다

올리브나무의 동그란 열매는 식용으로 사용되며, 열매에서 추출할 수 있는 기름은 음식·미용·건강식품 등 다양한 분야에서 사용되고 있다.

크게 자라지 않기 때문에 좁은 공간에도 심을 수 있다. 최근에는 현관 앞이나 옥상 등 부지가 한정된 장소에 사용하는 일이 많다.

중심목으로 올리브나무를 2그루 심는다. 특히 열매를 즐기고 싶을 때는 1그루가 아니라 2그루를 심는 편이 열매를 얻기 쉽다. 열매를 따기 좋도록 밑동 주변에는 아무것도 심지 않는다. 올리브나무는 햇볕을 좋아하기 때문에 응달진 곳에는 심지 않는다.

올리브나무 뒤쪽에는 요리에 사용할 수 있는 상록 저목인 로즈메리를 심고 앞쪽 구석과 한가운데에는 백리향을 심으면 허브류로 구성된 키친 가든(식용 정원)이 된다. 그 밖에는 서양톱풀이나 민트류가 강인하면서 조합하기 좋다.

1 로즈메리
　H=0.2m

2 백리향

3 서양톱풀

4 애플민트

5 서양백리향

6 무늬애플민트

상 록 활 엽 수

고목

중목

월계수

Laurus nobilis

녹나무과 월계수속

이명
감람수

수고
2.5m

수관폭
0.5m

흉고 둘레
――

꽃 피는 시기
4~5월

열매 익는 시기
10월

식재 적기
4월 하순~5월,
6월 하순~7월

환경 특성

	중간	
일조 │ 양달	━━━┿━━	응달
습도 │ 건조	━┿━━━━	습윤
온도 │ 높음	━┿━━━━	낮음

식재 가능
남부 지방

자연 분포
지중해 연안 원산

잎

진한 녹색의 잎은 가죽질이며 광택이 있다. 잎의 뒷면은 약간 딱딱하고 가지와 잎에서 독특한 향기가 난다. 잎몸은 길이 5~12센티미터의 가늘고 긴 타원형이다. 어긋나기로 달리며 잎 가장자리는 물결 모양이다.

꽃

꽃이 피는 시기는 4~5월이다. 암수딴그루로 잎겨드랑이에서 짧은 꽃자루가 나오고 그 끝에 황백색의 작은 꽃이 밀집해서 핀다. 10월경에 과실이 흑자색으로 익는다.

생울타리

생장이 빠르고 가지치기를 잘 견디기 때문에 너무 심하게 가지를 쳤거나 수형이 반듯하지 않아도 금방 복구가 가능하다. 그래서 생울타리나 토피어리를 쉽게 만들 수 있다.

1 | 초피나무

2 | 차나무

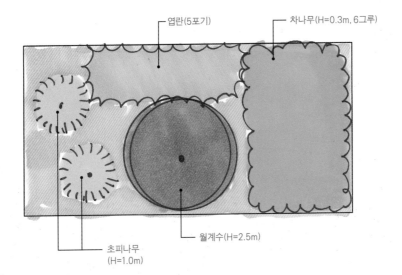

엽란(5포기)

차나무(H=0.3m, 6그루)

초피나무
(H=1.0m)

월계수(H=2.5m)

[식재 방법]
'요리에 사용 가능'을 키워드로 수목을 선택한다

감람수로도 불리는 월계수는 스튜나 카레 등의 요리를 만들 때 없어서는 안 될 허브라는 이미지가 강하다. 이 이미지를 활용해 요리에 사용할 수 있는 수목만으로 정원을 구성해도 재미있을 것이다.

월계수는 잎의 색이 약간 어둡기 때문에 초피나무나 차나무처럼 월계수보다 잎의 색이 조금 밝은 수목을 선택하면 잘 조화를 이룬다. 낙엽 활엽수인 초피나무는 비교적 크게 자라는 수목이지만, 잎을 사용하면 생장이 느려지므로 저목 또는 중목으로 사용할 수 있다. 차나무는 뿌리가 매우 깊게 파고들기 때문에 미리 흙을 깊게 갈아 놓는다.

월계수도 차나무도 통풍이 잘 되지 않으면 벌레가 생기기 쉽다. 그래서 통풍이 잘 되는 장소를 고른다. 잎을 따러 나무에 다가갈 때 식물을 밟지 않도록 밑동 부분에는 모래나 칩 등을 깐다. 월계수의 뒤쪽에는 엽란이나 비치조릿대 등의 지피를 심어서 공간을 채운다.

3 | 엽란

4 | 비치조릿대

향기를 활용하기 위해 이용하는 녹나무과의 수목. 녹나무과에는 월계수를 비롯해 녹나무, 육계나무 등 잎의 향기가 특징적인 수목이 많아서 방향재나 방충재로 많이 이용된다. 녹나무과 수목의 향기를 활용한 상품으로는 고급 털조장나무 이쑤시개 등이 있다.

털조장나무

1 초피나무
H=1.0m

2 차나무
H=0.5m

3 엽란

4 비치조릿대

상 록 활 엽 수

고목

중목

조록나무

Distylium racemosum

조록나무과 조록나무속

이명
잎벌레혹나무, 조록낭,
조레기낭

수고
2.5m

수관폭
0.8m

흉고 둘레
— —

꽃 피는 시기
4~5월

열매 익는 시기
6~7월

식재 적기
3~5월, 9월 중순~10월

환경 특성

		중간	
일조	양달	──┼──	응달
습도	건조	──┼──	습윤
온도	높음	──┼──	낮음

식재 가능
남부 지방

자연 분포
한국(제주도, 완도), 일본

잎

진한 녹색이며 어긋나기로 달린
다. 잎몸은 길이 4~9센티미터, 폭
2~3.5센티미터의 장타원형으로
기부(基部)는 쐐기 모양이며 잎 가
장자리는 밋밋하다. 피질(皮質)이
며 앞면은 만질만질하다.

열매

길이 7~10밀리미터의 광란형(廣
卵形)으로 끝에 암술대가 남아 있
고 표면은 황갈색의 털로 덮여 있
다. 열매가 익으면 둘로 갈라져 길
이 5~7밀리미터의 타원형 씨앗을
배출한다.

벌레혹

벌레혹은 조록나무혹진딧물 등이
기생함으로써 잎의 표면에 생기는
혹 모양의 돌기다. 크기는 지름 수
밀리미터부터 6센티미터에 이르
는 것까지 있다.

1 | **구기자나무**

2 | **일본조팝나무**

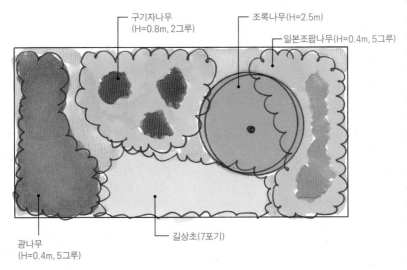

구기자나무
(H=0.8m, 2그루)

조록나무(H=2.5m)

일본조팝나무(H=0.4m, 5그루)

광나무
(H=0.4m, 5그루)

길상초(7포기)

[식재 방법]
자연의 정취가 넘쳐나는 상록의 정원을 만든다

조록나무는 혼슈 남서부, 시코쿠, 규슈 등의 따뜻한 지역에 자생하는 수목으로, 간토 지방이나 도호쿠 지방에서는 거의 찾아보기 어렵다.

옆으로 가지를 넓게 펼친 것을 사용하면 자연의 분위기를 만들어낼 수 있다. 소박하고 자연스러운 정원을 만들고 싶다면 검토를 권하고 싶은 수종이다. 단독 상징목으로 심을 경우 가지가 많이 갈라져 나온 것을 고르면 좋다. 가지나 잎이 너무 번잡하다 싶으면 가지치기를 한다. 다만 수형이 쉽게 흐트러지기 때문에 직접 가지치기를 하려면 약간 기술이 필요하다.

함께 조합할 저목을 고를 때는 상록수와 낙엽수 양쪽을 함께 심거나 높이가 다른 것을 조합하는 등 '불규칙'적인 모습을 의도적으로 만들어내자. 저목으로는 분위기 있는 낙엽수인 일본조팝나무나 구기자나무, 상록수인 사스레피나무나 광나무를 조합하면 좋다.

지피류로는 길상초나 비치조릿대가 조합하기에 무난하다.

3 | **광나무**

4 | **사스레피나무**

5 | **비치조릿대**

6 | **길상초**

1 구기자나무
H=0.8m

2 일본조팝나무
H=0.4m

3 광나무
H=0.4m

4 사스레피나무
H=0.3m

5 비치조릿대

6 길상초

고목

졸가시나무

Quercus phillyreoides

중목

참나무과 참나무속

이명
말눈가시나무, 털가시나무

수고
2.0m

수관폭
0.6m

흉고 둘레
— —

꽃 피는 시기
4~5월

열매 익는 시기
10월(이듬해)

식재 적기
3월 초순~4월, 6~7월,
9~10월

환경 특성

	중간	
일조	양달 ———┼—— 응달	
습도	건조 ┼——————— 습윤	
온도	높음 ┼——————— 낮음	

식재 가능
중부 이남

자연 분포
한국, 일본, 중국 남부

잎

진한 녹색의 잎은 단단하고 가죽질(혁질)이며 약간 광택이 있고 뒷면은 연한 녹색이다. 잎몸은 3~6센티미터의 타원형에 잎 끝이 약간 둥그름하며 잎 가장자리는 물결 톱니 모양이다.

꽃

꽃이 피는 시기는 4~5월이다. 이삭 모양의 노란색 수꽃은 가지의 아래 부분에서 늘어지며 타원형의 황록색 암꽃은 상부의 잎이 붙어 있는 곳에서 1~2개가 나온다.

생울타리

생장은 약간 느리지만 맹아력이 강해서 깎아 다듬기를 잘 견딘다. 시선 차단용이나 생울타리로 이용할 수 있을 뿐만 아니라 구름 모양이나 공 모양으로 만들어서 나란히 심기도 한다.

1 | 에빙보리장나무 '길트 에지'

2 | 다정큼나무

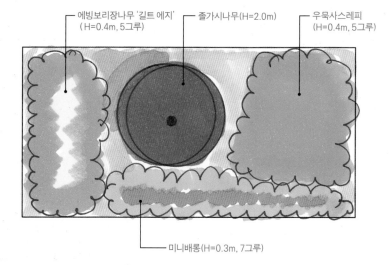

에빙보리장나무 '길트 에지'
(H=0.4m, 5그루)

졸가시나무(H=2.0m)

우묵사스레피
(H=0.4m, 5그루)

미니배롱(H=0.3m, 7그루)

[식재 방법]
경질감(硬質感)이 있는 잎을 활용해 정원을 휴양지로 만든다

따뜻한 지역의 해안선에 자연 분포하는 졸가시나무는 바닷바람과 건조한 환경에 강하다. 또한 깎아 다듬기를 잘 견뎌서 생울타리에도 적합해 이용 가치가 높은 수종이다.

함께 조합할 수목으로는 졸가시나무와 마찬가지로 딱딱한 인상의 잎을 가진 수종을 고르면 좋다.

저목으로는 잎이 졸가시나무와 비슷한 다정큼나무나 돈나무, 여름에 꽃을 피우는 미니배롱이나 홍자단을 심어 입체감을 연출한다. 잎의 색이 약간 탁한 녹색이기 때문에 깊은 녹색의 상록수인 우묵사스레피나 무늬가 있는 에빙보리장나무를 사용해 대비를 줘도 좋다.

졸가시나무는 수형이 흐트러지기 때문에 적절히 가지치기를 해 줘서 형태를 정돈할 필요가 있다. 높이 3~4미터 정도인 것을 중심목으로 사용할 경우, 자연 수형인 채로는 조금 아쉬우므로 깎아 다듬기나 가지치기를 해서 원하는 수형으로 만든다.

3 | 우묵사스레피

4 | 돈나무

5 | 미니배롱

6 | 홍자단

1 에빙보리장나무 '길트 에지'
H=0.4m

2 다정큼나무
H=0.5m

3 우묵사스레피
H=0.4m

4 돈나무
H=0.4m

5 미니배롱
H=0.3m

6 홍자단

상 록 활 엽 수

고목

중목

좁은잎태산목

Magnolia grandiflora var. lanceolata

목련과 목련속

이명
- -

수고
3.0m

수관폭
1.0m

흉고 둘레
12cm

꽃 피는 시기
5월 중순~6월

열매 익는 시기
11월

식재 적기
3월 하순~4월,
6월 하순~7월

환경 특성
	중간	
일조 양달		응달
습도 건조		습윤
온도 높음		낮음

식재 가능
중부 이남

자연 분포
북아메리카 중남부 원산

꽃·잎

5~6월에 지름 12~15센티미터
의 크고 향기가 좋은 흰 꽃이 핀
다. 잎은 길이가 10~26센티미터
에 가죽질이고 광택이 있다. 태산
목보다 잎의 가장자리가 덜 물결
친다.

태산목

목련과 목련속. 지름 12~15센티
미터의 크고 향기가 강한 유백색
꽃이 핀다. 가지가 옆으로 뻗어 넓
은 원뿔형 수형을 이룬다.

버지니아목련

목련과 목련속. 북아메리카 원산
의 반상록수. 도쿄에서는 낙엽이
진다. 태산목에 비해 잎이 얇으며
푸르스름한 녹색이다. 꽃은 작고
달리는 수도 적다.

1 | 동백나무 '시라타마'

2 | 설구화

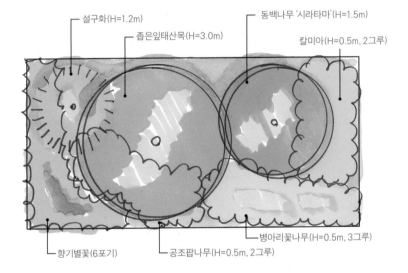

설구화(H=1.2m)

좁은잎태산목(H=3.0m)

동백나무 '시라타마'(H=1.5m)

칼미아(H=0.5m, 2그루)

향기별꽃(6포기)

공조팝나무(H=0.5m, 2그루)

병아리꽃나무(H=0.5m, 3그루)

3 | 칼미아

4 | 공조팝나무

5 | 병아리꽃나무

6 | 향기별꽃

[식재 방법]

크고 하얀 꽃을
2층에서 즐긴다

좁은잎태산목은 잎 위에 꽃이 달리기 때문에 2층에서 내려다보는 상황을 생각하면서 식재할 때 사용하기 좋다. 잎이 빽빽하게 달려서 수목 아래가 그늘지기 쉬우므로 중목이나 저목은 응달에서도 어느 정도 잘 자라는 것을 고른다.

좁은잎태산목을 중심에 배치해 존재감을 드러내고 좌우에 심을 중목 또는 저목의 균형을 바꾸는 식으로 식재하면 좋다. 좁은잎태산목의 흰 꽃을 살리기 위해 같이 심을 저목·지피도 꽃이 흰 것을 고른다. 동백나무 중에서는 작은 편인 동백나무 '시라타마'나 병아리꽃나무, 태산목과 마찬가지로 북아메리카 원산의 진달래과 상록활엽수인 칼미아 등이 좋다. 설구화보다 더 작은 꽃이 모여 달려 구슬처럼 보이는 공조팝나무나 봄에 약간 자주색 빛이 도는 별 모양의 흰 꽃을 피우는 구근식물인 향기별꽃 등도 잘 조화를 이룬다.

1 동백나무 '시라타마'
　H=1.5m

2 설구화
　H=1.2m

3 칼미아
　H=0.5m

4 공조팝나무
　H=0.5m

5 병아리꽃나무
　H=0.5m

6 향기별꽃

상 록 활 엽 수

고목

참식나무

Neolitsea sericea

중목

녹나무과 참식나무속

이명
오조남, 식더기

수고
1.5m

수관폭
0.5m

흉고 둘레
– –

꽃 피는 시기
10~11월

열매 익는 시기
10~11월(이듬해)

식재 적기
3월 중순~4월,
6월 하순~7월 중순,
10~12월

환경 특성

	중간	
일조 │ 양달	┼	응달
습도 │ 건조	┼	습윤
온도 │ 높음	┼	낮음

식재 가능
중부 이남

자연 분포
한국, 일본, 중국, 타이완

잎

잎몸은 길이 8~18센티미터의 장타원형 또는 난상장타원형(卵狀長橢圓形)이며 잎 가장자리는 밋밋하다. 가지 끝에 모여서 달린다. 3맥이 두드러진다. 어린잎과 새 가지는 황갈색의 비단털로 덮여 있다.

열매

암수딴그루. 암나무에는 빨간 열매가 달린다. 길이 1.2~1.5센티미터의 타원형 액과로 열매를 맺은 이듬해 10~11월경에 빨갛게 익는다. 종자는 구형이다.

일본쇠물푸레나무

일본어 명칭(아오다모)이 참식나무(시로다모)와 비슷하지만 이쪽은 물푸레나무과 물푸레나무속의 낙엽 활엽수로 과·속과 성질이 모두 다르다. 암수딴그루이며 꽃은 4~5월에 핀다(160페이지 참조).

1 | 백당수국

2 | 우묵사스레피

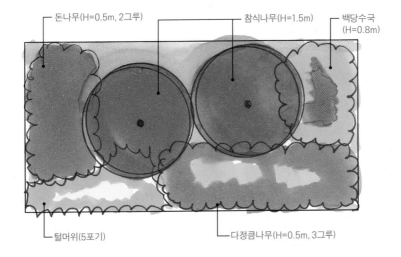

돈나무(H=0.5m, 2그루)

참식나무(H=1.5m)

백당수국(H=0.8m)

털머위(5포기)

다정큼나무(H=0.5m, 3그루)

[식재 방법]
바다와 가까운 장소에서 바닷바람을 견뎌내는 특징을 살린다

바닷바람을 좋아하는 수목은 그리 많지 않다. 바닷바람을 비교적 잘 견뎌내는 참식나무는 해변과 가까운 장소에 식재를 할 때 없어서는 안 될 수종이다.

열매가 잘 달리도록 참식나무의 암나무와 수나무를 1그루씩 심는다. 돈나무는 부피감이 있으니 약간 뒤쪽에 배치하고, 앞쪽에 털머위를 배치해 균형을 맞춘다. 다정큼나무를 심으면 봄에 꽃을 즐길 수 있다. 돈나무나 다정큼나무 대신 우묵사스레피나 보리밥나무 등을 심어도 좋다.

가나가와 현의 미우라 반도나 이즈 반도의 바다와 인접한 바위 그늘에서 볼 수 있는 백당수국은 화사한 이미지가 있는 꽃나무이지만, 비교적 바닷바람을 잘 견디는 수종이기에 이런 정원에서는 중요한 강조점이 될 수 있다.

지피류에는 털머위가 약간 응달인 곳에서도 잘 자라기 때문에 북쪽의 도로와 인접한 녹지에서도 사용할 수 있다.

3 | 돈나무

4 | 다정큼나무

5 | 보리밥나무

6 | 털머위

1 백당수국
H=0.8m

2 우묵사스레피
H=0.5m

3 돈나무
H=0.5m

4 다정큼나무
H=0.5m

5 보리밥나무
H=0.5m

6 털머위

상 록 활 엽 수

고목

중목

Photinia×fraseri

홍가시나무 프레이저

장미과 윤노리나무속

이명
— —

수고
1.8m

수관폭
0.5m

흉고 둘레
— —

꽃 피는 시기
5~6월

열매 익는 시기
10월 중순~12월

식재 적기
3~4월, 9~10월

환경 특성

	중간	
일조	양달 ——–┃——– 응달
습도	건조 ——–┃——– 습윤
온도	높음 ——–┃——– 낮음

식재 가능
중부 이남

자연 분포
일본 원예종

잎

황록색의 잎은 가죽질이고 광택이 있으며 어린잎은 붉은색이다. 잎몸은 길이 6~12센티미터의 장타원형이며 어긋나기로 달린다. 끝은 날카롭고 뾰족하며 기부는 쐐기형, 가장자리에는 작은 톱니가 있다.

중국홍가시나무

장미과 윤노리나무속. 중국과 타이완에 분포한다. 잎몸은 길이 10~12센티미터의 장타원형으로 홍가시나무보다 크다. 오래된 잎은 붉게 단풍이 든 뒤 떨어진다.

프레이저홍가시나무 '레드 로빈'

교잡종. 홍가시나무에 비해 잎이 크고 가지가 조금 덜 빽빽하지만 병에 강하고 어린잎의 붉은색이 진하다. 생울타리로 많이 사용된다.

1 | **붉은상록풍년화**

2 | **단풍철쭉**

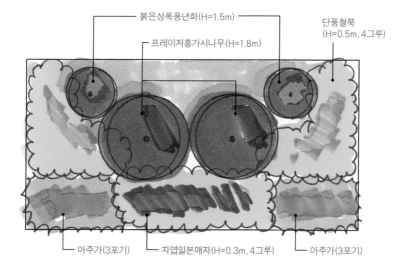

붉은상록풍년화(H=1.5m)

프레이저홍가시나무(H=1.8m)

단풍철쭉
(H=0.5m, 4그루)

아주가(3포기)　　자엽일본매자(H=0.3m, 4그루)　　아주가(3포기)

[식재 방법]
붉은색과 녹색의 대비가 콘셉트인 녹지를 만든다

홍가시나무 종류는 새순이 빨간 것이 특징으로 이를 활용해 빨간색 잎과 녹색 잎의 대비를 주제로 삼은 정원을 만든다. 그래서 저목이나 지피도 1년 내내 잎이 빨간 것 또는 새순만 빨간 것, 가을에 단풍이 드는 것 등을 조합한다.

수고가 1.8미터 정도인 프레이저홍가시나무에 붉은상록풍년화를 함께 심는다. 붉은상록풍년화는 1년 내내 잎의 색이 자홍색이며 봄에 피는 꽃은 핑크색이다. 또한 프레이저홍가시나무가 부피감이 있는 데 비해 붉은상록풍년화는 날씬하기 때문에 대비 효과가 생겨난다. 저목으로는 빨갛게 단풍이 드는 단풍철쭉과 1년 내내 잎이 빨간색인 자엽일본매자 또는 소스랑남천을 함께 심어 다채로운 붉은 색을 연출한다. 자엽일본매자는 오렌지색 꽃과 빨간색 열매도 즐길 수 있다. 지피로는 아주가나 메밀여뀌 등이 사용하기에 용이하다.

3 | **자엽일본매자**

4 | **소스랑남천**

3 | **아주가**

6 | **메밀여뀌**

1　붉은상록풍년화
　　H=1.5m

2　단풍철쭉
　　H=0.5m

3　자엽일본매자
　　H=0.3m

4　소스랑남천

5　아주가

6　메밀여뀌

상록 활엽수

고목

중목

황금하귤

Citrus natsudaidai

운향과 귤속	
이명	
여름밀감, 여름귤나무	

수고
2.0m

수관폭
0.5m

흉고 둘레
——

꽃 피는 시기
5월

열매 익는 시기
4~6월
(가을에 열매가 맺히며, 봄에
익는다)

식재 적기
4월 하순~6월

환경 특성
일조 | 양달 ├──┼──┤ 응달 (중간)
습도 | 건조 ├──┼──┤ 습윤
온도 | 높음 ├──┼──┤ 낮음

식재 가능
남부 지방

자연 분포
일본 원예종(야마구치 현
오미지마가 발상지)

금귤나무

중국 남부 원산. 가장 크기가 작
은 열매가 달리는 감귤류다. 과실
은 지름 2~3센티미터의 구형이며
11~12월에 노란색으로 익는다.
정원수로 심기에 적합한 지역은
간토 지방 이서다.

유자나무

중국 원산. 간토 지방 이서에서 널
리 재배되고 있다. 과실은 지름
6~7센티미터의 편구형(扁球形)이
며 선황색으로 익는다. 신맛이 강
하고 향기가 있다. 비교적 추위에
강하다.

감귤류의 화분 심기

화분 심기에 적합한 감귤류는 온
주밀감 등이다. 수고(樹高)를 화분
높이의 3배 정도로 억제하고 가지
가 겹치지 않도록 곁가지를 사방
으로 자라게 하며 끈으로 매달아
올리기도 한다.

1 | 보리수나무

2 | 뜰보리수나무

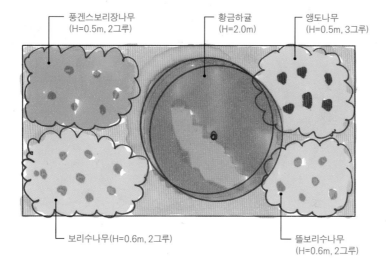

풍겐스보리장나무
(H=0.5m, 2그루)

황금하귤
(H=2.0m)

앵도나무
(H=0.5m, 3그루)

보리수나무(H=0.6m, 2그루)

뜰보리수나무
(H=0.6m, 2그루)

[식재 방법]
감귤류를 중심목으로 삼아 열매와 향기를 동시에 즐긴다

따뜻한 지역의 대표적인 과일 나무인 감귤류 중에는 정원수로 손쉽게 이용할 수 있는 것이 적지 않다. 일반적으로 많이 사용되는 것은 비교적 추운 지역에서도 열매를 맺는 황금하귤과 유자나무, 금귤나무다.

감귤류는 겨울바람을 맞지 않고 햇볕이 잘 드는 장소에 심는다. 열매의 맛을 따지지 않는다면 비료를 자주 주는 등 꼼꼼하게 관리해 줄 필요는 없다.

봄 벚꽃 시즌이 완전히 끝났을 무렵 좋은 향기를 내는 흰 꽃이 피며 그 후에 열매가 달려 녹색에서 노란색으로 변해 간다. 긴 기간에 걸쳐 변화를 즐길 수 있다는 것도 감귤류의 특징이다. 늦봄에 열매가 나는 나무를 주위에 심으면 1년 내내 열매를 즐길 수 있는 정원이 된다.

감귤류 주위에는 열매를 수확하기 쉽도록 공간을 조금 비워 놓는다. 그 밖의 장소에 앵도나무나 뜰보리수나무, 보리수나무, 풍겐스보리장나무 등의 보리수나무 종류나 로니케라 그라킬리페스를 심는다.

3 | 로니케라 그라킬리페스

4 | 풍겐스보리장나무

5 | 보리밥나무

6 | 앵도나무

1　보리수나무
　　H=0.8m

2　뜰보리수나무
　　H=0.6m

3　로니케라 그라킬리페스
　　H=0.5m

4　풍겐스보리장나무
　　H=0.5m

5　보리밥나무
　　H=0.5m

6　앵도나무
　　H=0.5m

고목

중목

상록 활엽수

황칠나무

Dendropanax trifidus

두릅나무과 황칠나무속

이명
황칠목, 노란옻나무,
인삼나무

수고
2.5m

수관폭
0.7m

흉고 둘레
— —

꽃 피는 시기
6~7월

열매 익는 시기
11~12월

식재 적기
3~6월

환경 특성

	중간	
일조	양달 ————┼——	응달
습도	건조 ——┼————	습윤
온도	높음 ————┼——	낮음

식재 가능
남부 지방

자연 분포
한국 제주도 등 섬 지역,
일본, 타이완

잎(도란형)

진한 녹색의 두꺼운 가죽질이며 광택이 있다. 길이 6~12센티미터의 잎이 어긋나기로 달리며 어린 나무에서는 3~5갈래로 갈라지지만 성장한 나무에서는 가장자리가 밋밋한 도란형(倒卵形)이 된다.

잎(3갈래)

일본에서는 황칠나무를 '가쿠레미노'라고 부르는데 이 명칭은 3갈래로 갈라진 잎의 모양이 입으면 모습을 감춰 주는 상상 속의 도롱이(비옷)인 '가쿠레미노'와 닮은 데서 유래했다. 수형도 우산을 펼친 것 같은 모습이다.

열매

과실은 지름 7~8밀리미터의 구형~광타원형 액과(液果)로 길이 4~5센티미터의 꼭지가 달려 있다. 처음에는 황록색이지만 11~12월경에 익으면 흑자색이 된다.

1 | **식나무**

2 | **금식나무**

[식재 방법]
응달진 공간에 광택을 가진 녹색 정원을 만든다

본래 상록수 숲의 커다란 나무 아래에서 자생하는 황칠나무는 일조 조건이 나쁜 곳의 식재에 적합한 수종이다. 또한 2~3미터 정도에서 수형이 잡히고 크게 자라지 않기 때문에 좁은 공간에도 적합하다.

수형은 우산을 펼친 것 같은 모습으로, 상부는 가지와 잎이 무성하지만 하부나 중간 부분은 줄기만 있기 때문에 하부를 보완하는 형태로 저목을 심는다. 저목도 광택이 나는 잎을 가진 수종을 고르면 햇볕이 잘 들지 않아도 밝은 인상의 정원을 만들 수 있다.

중앙에서 약간 벗어난 곳에 황칠나무를 심고, 공간이 넓게 빈쪽에 잎이 반질반질하고 가지도 파란 식나무를 2그루 심는다. 좀 더 밝은 인상의 정원으로 만들고 싶을 때는 금식나무를 사용한다.

앞쪽에는 꽃을 즐길 수 있는 마취목이나 향기를 즐길 수 있는 서향 등을 심어서 다채로운 즐거움을 연출한다.

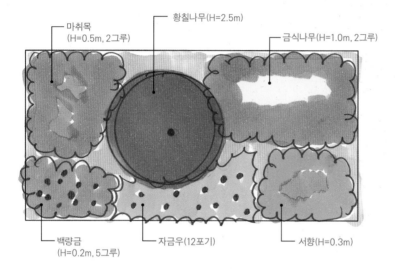

마취목
(H=0.5m, 2그루)

황칠나무(H=2.5m)

금식나무(H=1.0m, 2그루)

백량금
(H=0.2m, 5그루)

자금우(12포기)

서향(H=0.3m)

3 | **마취목**

4 | **서향**

5 | **백량금**

6 | **자금우**

1 식나무
H=1.0m

2 금식나무
H=1.0m

3 마취목
H=0.5m

4 서향
H=0.3m

5 백량금
H=0.2m

6 자금우

상록 활엽수

| 고목

| 중목

Machilus thunbergii

후박나무

녹나무과 후박나무속

이명
누룩낭, 남목

수고
2.5m

수관폭
0.5m

흉고 둘레
— —

꽃 피는 시기
4~5월 중순

열매 익는 시기
8~9월

식재 적기
3~4월, 6~7월, 9월

환경 특성
일조	양달	—————┃——	응달
습도	건조	——┃————	습윤
온도	높음	—┃—————	낮음

중간

식재 가능
중부 이남

자연 분포
한국, 일본, 타이완, 중국 남부

잎

진한 녹색의 잎은 가죽질로 앞면은 광택이 있고 뒷면은 회백색이다. 잎몸은 길이 8~15센티미터의 도란상장타원형이며 어긋나기로 달린다. 잎 가장자리는 밋밋하고 잎 끝도 둥그스름하다.

열매

과실은 지름 1센티미터 정도의 구형 액과로 하부에 꽃덮이가 남아있다. 처음에는 연한 녹색이지만 8~9월에 익으면 흑자색이 된다.

좁은잎후박나무

후박나무의 근연종. 혼슈와 긴키, 주고쿠 이서에 분포한다. 높이 10~15미터까지 자라는 상록 활엽수. 목재로는 사용하지만 정원수로는 거의 이용하지 않는다.

1 | 동백나무

2 | 리기다스병솔나무

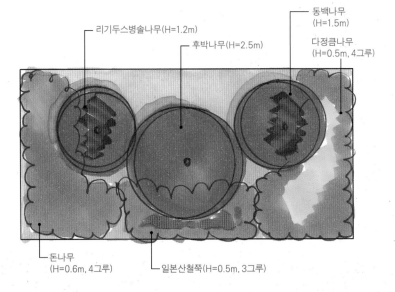

리기다스병솔나무(H=1.2m)

후박나무(H=2.5m)

동백나무
(H=1.5m)

다정큼나무
(H=0.5m, 4그루)

돈나무
(H=0.6m, 4그루)

일본산철쭉(H=0.5m, 3그루)

[식재 방법]
해변 근처의 정원에 짙은 녹색의 벽을 만든다

후박나무는 따뜻한 지방의 해안 근처에 많이 자생하는 상록 활엽수로 잎이 두껍고 광택이 있으며 다간 수형으로 생장한다. 응달에 강하고 바닷바람도 비교적 잘 견뎌내기 때문에 해안 근처의 매립지에서는 방풍림으로 자주 이용한다.

후박나무를 정원수로 이용할 때는 꽃이나 열매를 감상하기보다 밝은 녹색 잎을 활용해 녹색의 벽을 형성하도록 배치하는 것이 포인트다.

후박나무는 옆으로 풍성하게 자라기 때문에 식재 공간을 넓게 확보하고 옆에는 조금 다른 인상을 주는 리기다스병솔나무를 함께 심어서 강조점으로 삼는다. 후박나무가 둥그스름한 수형이 되는 데 비해 리기다스병솔나무는 조금 거친 수형이 된다.

저목으로는 돈나무나 다정큼나무, 우묵사스레피, 동백나무 등 바닷바람에 비교적 강한 것을 배치한다. 일본산철쭉도 철쭉 중에서는 바닷바람을 잘 견뎌내는 편이므로 바람을 직접 맞지 않는 장소에 이용 가능하다.

3 | 돈나무

4 | 우묵사스레피

5 | 일본산철쭉

6 | 다정큼나무

1 동백나무
　H=1.5m

2 리기다스병솔나무
　H=1.2m

3 돈나무
　H=0.6m

4 우묵사스레피
　H=0.6m

5 일본산철쭉
　H=0.5m

6 다정큼나무
　H=0.5m

상록 활엽수

고목 ┃ 중목

후피향나무

Ternstroemia gymnanthera

펜타필락스과 후피향나무속

이명
– –

수고
2.5m

수관폭
0.8m

흉고 둘레
– –

꽃 피는 시기
6~7월

열매 익는 시기
10~11월

식재 적기
3~5월,
6월 하순~7월 초순,
9월~10월 중순

환경 특성
일조 | 양달 ——┃—— 응달
습도 | 건조 ——┃—— 습윤
온도 | 높음 ——┃—— 낮음

식재 가능
남부 지방

자연 분포
한국(제주도), 일본, 타이완,
중국, 동남아

잎

어두운 녹색의 잎은 두꺼운 가죽
질에 광택이 있으며 잎맥(엽맥)이
보이지 않는다. 잎몸은 4~7센티
미터의 난상타원형(卵狀楕圓形)으
로 가지 끝에 모여서 어긋나기로
달린다. 잎 끝은 둥글고 잎 가장자
리는 밋밋하다.

열매

과실은 육질과이며 지름 10~15밀
리미터의 구형~타원형이다.
10~11월에 빨갛게 익는다. 익으면
두꺼운 과피가 불규칙하게 갈라지
면서 등적색의 종자가 나타난다.

감탕나무

후피향나무와 수형의 인상이 닮
았지만 전혀 다른 종으로 감탕나
무과 감탕나무속이다. 떡가지나
무, 끈끈이나무라고도 부른다. 가
을에 열매가 빨갛게 익지만 후피
향나무에 비해 광택이 없다.

1 | 동백나무 종류

2 | 작살나무

광택이 나는 잎으로 고급스러운 분위기를 연출한다

밝은 녹색에 광택이 있는 잎을 가진 후피향나무는 정원에 고급스러운 분위기를 가져다줄 수 있는 수종이다. 일본풍 정원에서 자주 사용되지만 어떤 정원에 사용하든 조화를 이루는 편리한 나무로, 침엽수를 함께 심으면 일본풍 느낌이 되고 낙엽수를 섞으면 서양 분위기도 난다.

중심을 조금 벗어난 곳에 후피향나무를 배치하고 공간이 많이 비어 있는 쪽에 중목을 2그루 심는다. 후피향나무가 치우쳐 있는 쪽에는 작살나무나 가막살나무 같은 낙엽수를, 반대쪽에는 동백나무 종류를 심어서 후피향나무와 함께 녹색의 미려한 분위기를 만든다.

너무 빈틈없는 인상을 주고 싶지 않을 때는 후피향나무와 동백나무 사이에 낙엽수를 배치한다. 반대로 꽃댕강나무처럼 수형이 풍성한 것을 섞어 주면 후피향나무의 개성이 더욱 뚜렷해진다.

동백나무 반대쪽에는 약간 큰 수국을 심고 앞쪽에는 조금 수형이 단정한 사스레피나무를 배치한다.

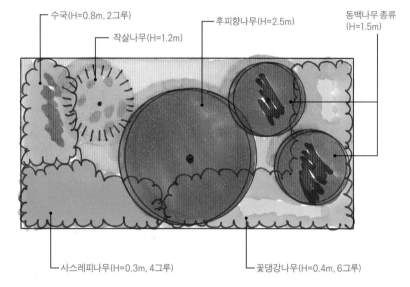

- 수국(H=0.8m, 2그루)
- 작살나무(H=1.2m)
- 후피향나무(H=2.5m)
- 동백나무 종류(H=1.5m)
- 사스레피나무(H=0.3m, 4그루)
- 꽃댕강나무(H=0.4m, 6그루)

3 | 가막살나무

4 | 수국

5 | 꽃댕강나무

6 | 사스레피나무

1 동백나무 종류
H=1.5m

2 작살나무
H=1.2m

3 가막살나무
H=1.0m

4 수국
H=0.8m

5 꽃댕강나무
H=0.4m

6 사스레피나무
H=0.3m

낙엽 침엽수

고목

중목

Ginkgo biloba

은행나무

은행나무과 은행나무속

이명
공손수, 행자목

수고
2.5m

수관폭
0.8m

흉고 둘레
ㅡ ㅡ

꽃 피는 시기
4~5월

열매 익는 시기
10월

식재 적기
11월 하순~3월

환경 특성

	중간	
일조	양달 ——┼—— 응달
습도	건조 ——┼—— 습윤
온도	높음 ——┼—— 낮음

식재 가능
전국 대부분 지역

자연 분포
중국 원산

잎

가지 끝에 어긋나기로 모여서 달린다. 잎몸은 길이 8~20센티미터의 장타원형~도피침형으로, 잎 끝은 짧고 뾰족하며 기부는 쐐기형이다. 가지가 자주색을 띤다.

열매

익는 시기는 10월. 지름 2~3센티미터의 핵과로 노란색의 외종피에서는 고약한 냄새가 난다. 흰색의 딱딱한 내종피는 '은행'으로 불리며 식용으로 이용된다.

공기뿌리

늙은 은행나무에는 가지 또는 줄기에서 '유주'라고 부르는 젖 모양의 돌기(공기뿌리의 일종)가 발달한다. 임신 또는 순산의 상징으로서 신앙의 대상이 되기도 한다.

1 | 레일란디측백나무

2 | 나한백

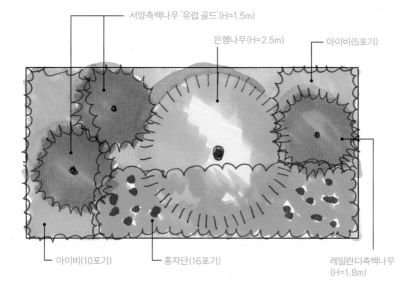

서양측백나무 '유럽 골드'(H=1.5m)

은행나무(H=2.5m)

아이비(5포기)

아이비(10포기)

홍자단(16포기)

레일란디측백나무
(H=1.8m)

[식재 방법]
원뿔 모양을 살려서 샤프한 인상을 강화한다

가로수와 공원수로 자주 사용되는 은행나무는 가지치기에 강하고 옆으로 퍼지기보다 위로 자라는 성질 때문에 조금 좁은 공간에도 식재가 가능하다. 공간을 많이 확보할 수 없는 주택의 정원에도 정원수로 사용할 수 있다.

은행나무의 매력은 뭐니 뭐니 해도 가을의 노란 잎이지만, 여기에서는 또 다른 매력인 '원뿔 수형'을 살린 샤프한 식재 디자인을 제안하려 한다.

은행나무의 수형이 돋보이도록 조합할 중목도 원뿔형 수형이 되는 수종을 고른다. 레알란디측백나무나 나한백, 서양측백나무 '유럽 골드' 등 침엽수가 조합하기에 용이하다. 저목은 중목의 밑가지가 간섭하지 않도록 수고가 높아지지 않는 것을 심는다.

은행나무는 낙엽이 많이 떨어지기 때문에 청소하기 쉽게 만드는 것이 중요하다. 낙엽수를 선택하면 가지 사이에 잎이 떨어져서 청소하기 힘들기 때문에 저목으로는 상록수인 홍자단, 지피로는 아이비 등을 선택하는 것이 좋다.

4 | 홍자단

5 | 아이비

3 | 서양측백나무 '유럽 골드'

1 레일란디측백나무
H=1.8m

2 나한백
H=1.5m

3 서양측백나무 '유럽 골드'
H=1.5m

4 홍자단
H=0.2m

5 아이비

낙 엽 활 엽 수

고목

중목

감나무

Diospyros kaki

감나무과 감나무속

이명
— —

수고
3.0m

수관폭
0.8m

흉고 둘레
15cm

꽃 피는 시기
5~6월

열매 익는 시기
10~11월

식재 적기
3월 하순

환경 특성

일조	양달	중간	응달
습도	건조		습윤
온도	높음		낮음

식재 가능
중부 이남

자연 분포
중국 원산

열매

지름 4~10센티미터의 액과가 10~11월에 황적색으로 익는다. 형상은 편구형~난구형이며 식용으로 후유 감과 지로 감 등이 유명하다.

돌감나무

일반적인 감나무에 비해 잎이 소형이고 털이 많다. 혼슈, 시코쿠, 규슈, 중국, 제주도에 분포하지만 자생종인지는 알 수 없다. 사진은 도쿄 도 다카오 산에서 촬영한 것이다.

류큐고욤나무

이름에 류큐(오키나와)가 붙어 있지만, 서일본에 널리 분포하는 낙엽 고목이다. 이명은 시나노감이다. 열매는 지름 1.5~2.0센티미터로 감나무보다 작다.

1 | 떡갈잎수국

2 | 화살나무

[식재 방법]
열매의 수확과 단풍을 즐긴다

중국이 원산지로 알려져 있는 감나무는 먼 옛날 일본으로 유입되었다. 현재까지 다양한 품종이 만들어졌으며 예로부터 지금까지 민간의 정원에서 흔히 찾아볼 수 있다. 열매는 물론 가을에 아름다운 단풍도 볼 수 있어 즐길 거리가 많은 수종이다.

감나무는 옆으로 퍼지는 수형이기 때문에 정원의 중앙에 배치한다. 열매를 수확하기 쉽도록 가급적 나무 아래에는 식물을 심지 않는다.

감나무 잎의 단풍이 돋보이도록 중목과 저목도 단풍이 드는 수종을 고른다. 중목으로 떡갈잎수국을 심으면 단풍뿐만 아니라 봄에 피는 꽃도 즐길 수 있다. 저목으로는 화살나무나 단풍철쭉, 드문히어리의 (노란) 단풍이 아름답다.

하지만 겨울철이 되면 잎이 떨어져 조금 쓸쓸해지기 때문에 상록수를 조금 심도록 한다. 영산홍 '오사키즈키'나 고산향나무 '블루 카펫'은 상록수이면서 가을에 단풍도 즐길 수 있으니 조합하면 재미있을 것이다.

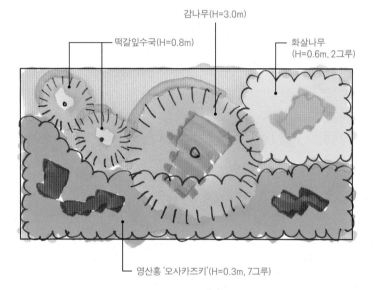

감나무(H=3.0m)

떡갈잎수국(H=0.8m)

화살나무
(H=0.6m, 2그루)

영산홍 '오사카즈키'(H=0.3m, 7그루)

3 | 단풍철쭉

4 | 드문히어리

5 | 영산홍 '오사카즈키'

6 | 고산향나무 '블루 카펫'

1 떡갈잎수국
H=0.8m

2 화살나무
H=0.6m

3 단풍철쭉
H=0.5m

4 드문히어리
H=0.5m

5 영산홍 '오사카즈키'
H=0.3m

6 고산향나무 '블루 카펫'
H=0.3m

낙엽 활엽수

고목

중목

개물푸레나무

Maackia amurensis

콩과 다릅나무속

이명
털다릅나무

수고
2.5m

수관폭
0.8m

흉고 둘레
— —

꽃 피는 시기
6~8월

열매 익는 시기
10~11월

식재 적기
12~3월 중순

환경 특성

	중간	
일조	양달 ━━━┿━━━ 응달
습도	건조 ━━━━━┿━ 습윤
온도	높음 ━┿━━━━━ 낮음

식재 가능
전국 대부분 지역

자연 분포
황해도 장산곶

잎

길이 20~30센티미터의 기수우상복엽. 작은 잎 3~6쌍이 거의 마주나기로 달린다. 작은 잎은 길이 4~7센티미터의 계란형이며 잎 가장자리는 밋밋하다. 뒷면에는 갈색의 솜털이 빽빽하게 나 있다.

수양회화나무

가지와 꽃 모두 축 늘어지는 성질이 있으며 사진은 직립성인 것을 받침 나무로 삼아서 모양을 만든 것이다. 중국에서는 상서로운 나무로 여긴다.

회화나무

콩과 회화나무속. 이명은 괴화나무. 내한성·내건성이 우수하고 연해와 조해에도 어느 정도 강해서 공원수·가로수로 수요가 높다.

1 | 티보치나

2 | 일본고광나무

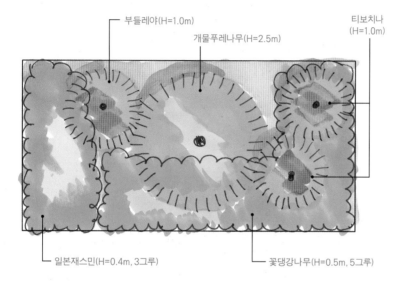

부들레야(H=1.0m)

개물푸레나무(H=2.5m)

티보치나
(H=1.0m)

일본재스민(H=0.4m, 3그루)

꽃댕강나무(H=0.5m, 5그루)

3 | 부들레야

4 | 꽃댕강나무

5 | 병아리꽃나무

6 | 일본재스민

[식재 방법]
우아하고 유연한 인상으로 통일한다

개물푸레나무의 잎은 좌우 대칭으로 작은 잎이 달리는 기수 우상복엽(홀수깃꼴겹잎)으로 바람을 맞으면 세밀하고 우아하게 흔들리는 나무 그늘의 풍경이 만들어진다.

수형도 중심 줄기가 곧게 자라는 것이 아니라 부드럽게 휘어진 형태가 된다. 개물푸레나무 정원을 디자인할 때는 줄기 전체가 지닌 우아함과 유연함을 포인트로 삼자.

개물푸레나무는 햇볕을 좋아하기 때문에 남쪽에서 서쪽에 걸친 정원이 적합하다. 조금 휘어진 수형을 살리려면 함께 심을 수목도 옆으로 부피감이 있는 것을 고른다.

중목으로는 가지가 자유분방하게 뻗고 초여름에 꽃을 즐길 수 있는 부들레야나 티보치나, 흰 꽃이 아름다운 일본고광나무가 좋다.

저목으로는 꽃댕강나무나 병아리꽃나무가 개물푸레나무의 이미지에 잘 녹아든다. 또 상록수인 일본재스민을 심으면 봄에 피는 노란 꽃이 공간의 강조점이 될 수 있다.

1 티보치나
H=1.0m

2 일본고광나무
H=1.0m

3 부들레야
H=1.0m

4 꽃댕강나무
H=0.5m

5 병아리꽃나무
H=0.5m

6 일본재스민
H=0.4m

낙엽 활엽수

고목
중목

계수나무

Cercidiphyllum japonicum

계수나무과 계수나무속

이명
연향수, 계수목

수고
3.0m

수관폭
0.8m

흉고 둘레
15cm

꽃 피는 시기
4~5월

열매 익는 시기
9월

식재 적기
12~3월

환경 특성
중간
일조 | 양달 ━━━━━┃━━ 응달
습도 | 건조 ━━━━━┃━━ 습윤
온도 | 높음 ━━━━┃━━━ 낮음

식재 가능
전국 대부분 지역

자연 분포
한국, 일본, 중국

잎

잎은 길이 3~8센티미터의 광원형이며 마주나기로 달린다. 기부는 하트 모양이고 잎 가장자리에는 물결 모양의 무딘 톱니가 있다. 노랗게 물든 잎에서는 특유의 달콤한 향기가 난다.

넓은잎계수나무

혼슈 중부 이북의 계곡을 따라서 형성된 숲에 자생한다. 계수나무의 잎과 매우 비슷하지만 약간 크고 잎 가장자리의 톱니도 더 뚜렷하다.

처진계수나무

계수나무의 돌연변이를 통해서 생긴 변종. 가는 가지가 아래로 처져서 독특한 수형을 만든다. 이와테현 모리오카 시의 류겐지라는 절에 있는 처진계수나무는 국가 지정 천연기념물이다.

1 | **자목련**

2 | **병아리꽃나무**

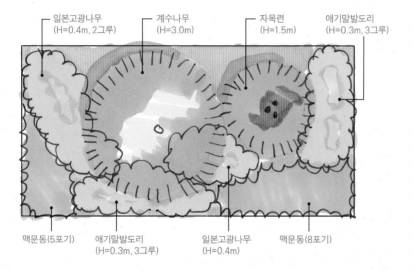

일본고광나무
(H=0.4m, 2그루)

계수나무
(H=3.0m)

자목련
(H=1.5m)

애기말발도리
(H=0.3m, 3그루)

맥문동(5포기)

애기말발도리
(H=0.3m, 3그루)

일본고광나무
(H=0.4m)

맥문동(8포기)

3 | **일본고광나무**

4 | **애기말발도리**

5 | **길상초**

6 | **맥문동**

[식재 방법]

하트 모양 잎의 온화한 인상을 활용한다

계수나무의 잎은 두께가 얇고 밝은 녹색이며 둥그스름한 하트 모양이 특징이다. 계수나무를 중심목으로 삼은 정원에서는 계수나무처럼 수형과 잎의 색, 꽃의 색이 온화한 인상을 주는 수종으로 구성하면 디자인에 통일감이 생겨난다.

계수나무는 곧게 자라기 때문에 약간 좁은 곳에서도 식재가 가능하다. 다만 어느 정도 공간을 확보할 수 있다면 다간 수형을 이용하는 편이 형태를 잡기에 편하다.

녹지의 중앙에서 약간 벗어난 위치에 계수나무를 배치하고 빈 공간에 약간 큰 중목인 자목련을, 그 앞쪽에 일본고광나무나 병아리꽃나무를 배치한다. 저목으로 밑동 주변을 전부 덮으면 정원의 인상이 딱딱해진다. 그러니 맥문동이나 길상초 등의 지피 또는 지피처럼 취급할 수 있는 저목인 애기말발도리로 공간을 채워 느슨한 분위기를 연출하자.

1 자목련
H=1.5m

2 병아리꽃나무
H=0.5m

3 일본고광나무
H=0.4m

4 애기말발도리
H=0.3m

5 길상초

6 맥문동

낙 엽 활 엽 수

고목

중목

꽃 복 사 나 무

Prunus persica

장미과 벚나무속

이명
– –

수고
3.0m

수관폭
1.0m

흉고 둘레
12cm

꽃 피는 시기
3~4월 중순

열매 익는 시기
7~8월

식재 적기
12~3월

환경 특성

	중간	
일조	양달 ———ᅡ————	응달
습도	건조 ————ᅡ——	습윤
온도	높음 ————ᅡ——	낮음

식재 가능
전국 대부분 지역

자연 분포
일본 원예종

복사나무

먼 옛날 중국에서 일본에 들어온 과수용 나무로 다양한 품종이 있다. 식용 열매를 수확하려면 인공 수분, 봉지 씌우기 등의 작업이 필요하다.

복사나무 '파스티기아타'

꽃복사나무의 원예종. 포플러를 닮은 길쭉한 방추형 수형이라서 좁은 장소에서도 식재가 가능하다.

복사나무 '겐페이'

꽃복사나무의 원예종으로 에도 시대부터 재배되어 왔다. 나무 1그루에서 홑꽃과 겹꽃이 모두 나오거나 흰 꽃과 분홍색 꽃이 모두 달리기도 한다.

1 | 수국

2 | 무도철쭉

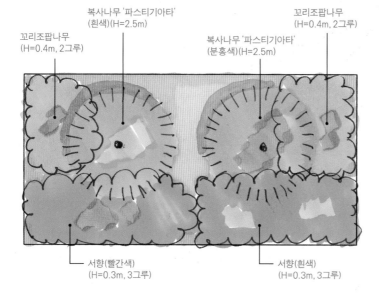

꼬리조팝나무
(H=0.4m, 2그루)

복사나무 '파스티기아타'
(흰색)(H=2.5m)

복사나무 '파스티기아타'
(분홍색)(H=2.5m)

꼬리조팝나무
(H=0.4m, 2그루)

서향(빨간색)
(H=0.3m, 3그루)

서향(흰색)
(H=0.3m, 3그루)

[식재 방법]
흰색과 분홍색의 꽃이 흐드러지게 피는 꽃나무의 정원을 만든다

꽃복사나무는 중국에서 들어온 수목으로 에도 시대에 다양한 품종이 만들어졌다. 높이 5미터 정도에서 수형이 안정되기 때문에 정원수로 많이 이용한다.

꽃복사나무는 가지가 옆으로 퍼지기 때문에 넓은 장소를 확보할 수 없을 때는 수형이 방추형인 원예품종 '파스티기아타'를 사용한다.

햇볕이 잘 드는 곳에 복사나무 '파스티기아타'를 심는다. 복사나무 '파스티기아타'는 수관폭이 중목 정도밖에 안 되기 때문에 흰색과 분홍색으로 2그루를 심어서 부피감을 낸다.

중목이나 저목은 낮은 높이에서 수형이 잡히는 것을 고르면 공간을 넓어 보이게 할 수 있다. 꽃복사나무의 앞쪽에는 복사꽃이 피기 전에 꽃의 향기를 즐길 수 있는 무도철쭉이나 서향을 흰색과 빨간색으로 나눠서 심고, 뒤쪽에는 복사꽃이 진 뒤에 꽃이 피기 시작하는 꼬리조팝나무나 일본조팝나무, 수국을 심는다.

3 | 일본조팝나무

4 | 꼬리조팝나무

5 | 서향(흰색)

서향(빨간색)

1 수국
H=0.4m

2 무도철쭉
H=0.4m

3 일본조팝나무
H=0.4m

4 꼬리조팝나무
H=0.4m

5 서향
H=0.3m

고목

중목

꽃산딸나무

Benthamidia florida

층층나무과 층층나무속

이명
미국산딸나무

수고
2.5m

수관폭
1.0m

흉고 둘레
60cm

꽃 피는 시기
4월~5월

열매 익는 시기
9월~10월 중순

식재 적기
12월 초순~3월 초순
(한겨울은 제외)

환경 특성

	중간	
일조 │ 양달	━━━━┿━━━━	응달
습도 │ 건조	━━━━┿━━━	습윤
온도 │ 높음	━━┿━━━━━	낮음

식재 가능
전국 대부분 지역

자연 분포
북아메리카 원산

잎

앞면은 진한 녹색, 뒷면은 분백색이다. 잎몸은 길이 7~15센티미터의 난상타원형~달걀형이며, 잎 가장자리는 밋밋하다. 가을에는 단풍이 예쁘게 든다.

열매

길이 1센티미터 정도의 타원형 핵과로 9~10월에 광택이 나는 암홍색으로 익는다. 열매 끝에는 꽃받침이 떨어진 자리가 남아 있다. 가지 끝에 여러 개가 모여서 달린다.

산딸나무

꽃산딸나무의 근연종으로 꽃이나 잎의 모습이 매우 닮았지만 과실은 전혀 다르게 생겼다. 열매는 가을에 빨갛게 익으며 먹을 수 있다 (140페이지 참조).

1 | 소녀 시리즈 목련

2 | 꽃댕강나무

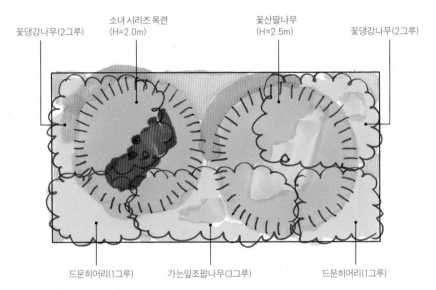

꽃댕강나무(2그루)
소녀 시리즈 목련
(H=2.0m)
꽃산딸나무
(H=2.5m)
꽃댕강나무(2그루)
드문히어리(1그루)
가는잎조팝나무(3그루)
드문히어리(1그루)

3 | 가는잎조팝나무

4 | 드문히어리

5 | 맥문동 '바리에가타'

6 | 아주가

[식재 방법]
대표적 정원수인 꽃산딸나무를 중심으로 꽃나무를 즐긴다

꽃과 단풍, 열매까지 즐길 수 있는 꽃산딸나무는 크게 생장하지 않을 뿐만 아니라 잎도 지나치게 무성해지지 않는 까닭에 관리하기 쉬운 대표적인 수목이다.

동남쪽에서 남쪽에 걸친 위치에 녹지를 확보한다(밝은 북쪽도 괜찮다). 녹지를 1:3으로 나눈 위치에 꽃산딸나무를 심고 공간이 넓게 빈 쪽에는 목련의 원예종인 소녀 시리즈 목련을 배치한다. 같은 미국 원산의 단간 수형인 꽃산딸나무와 다간 수형인 소녀 시리즈 목련의 궁합이 좋다.

꽃산딸나무도 소녀 시리즈 목련도 밑동 부분이 깔끔하기 때문에 저목이나 지피로 어느 정도 부피감이 있는 것을 선택해도 좋다. 저목이라면 드문히어리나 가는잎조팝나무, 지피라면 아주가나 맥문동 '바리에가타'가 조합하기 쉽다.

최근 들어 꽃산딸나무에 흰가루병이 발생하는 일이 늘어났기 때문에 5~6월에는 주의가 필요하다.

1 소녀 시리즈 목련
H=2.0m

2 꽃댕강나무
H=0.5m

3 가는잎조팝나무
H=0.5m

4 드문히어리
H=0.4m

5 맥문동 '바리에가타'

6 아주가

낙엽 활엽수

고목

너도밤나무

Fagus engleriana

중목

참나무과 너도밤나무속

이명
– –

수고
2.5m

수관폭
0.7m

흉고 둘레
– –

꽃 피는 시기
5월

열매 익는 시기
10월

식재 적기
10~11월, 2~3월

환경 특성

		중간	
일조	양달		응달
습도	건조		습윤
온도	높음		낮음

식재 가능
중남부 지역

자연 분포
한국(울릉도), 중국 내륙

잎

잎몸은 길이 4~9센티미터의 광
란형 또는 능상타원형(菱狀楕圓形)
이며 약간 두꺼운 양지질(洋紙質)
이다. 좌우가 다르게 생긴 경우가
있다. 눈이 많이 내리는 지대에서
는 북쪽으로 갈수록 잎이 커진다.

줄기껍질

회백색이며 곱고 매끄럽다. 자연
목에서는 지의류(地衣類)가 착생해
다양한 얼룩무늬를 만드는 경우
가 많다. 수피를 염료로 사용하기
도 한다.

푸른너도밤나무

혼슈에서 규슈에 걸쳐 분포한다.
목재로서의 질은 너도밤나무보다
떨어진다. 잎은 조금 얇고 어린잎
은 앞뒷면에 털이 나 있다.

1 | 왕포아풀

2 | 호밀풀

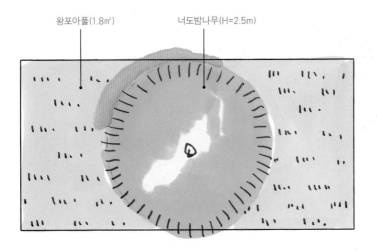

왕포아풀(1.8㎡)　　너도밤나무(H=2.5m)

유럽의 공원수

털자작나무

유럽너도밤나무 '푸르푸레아'

[식재 방법]

유럽의 공원을 이미지로 삼아서 풍경을 만든다

너도밤나무는 온대 지방을 대표하는 낙엽 활엽수다. 영국이나 프랑스의 공원에서는 유럽너도밤나무나 유럽너도밤나무의 원예종으로 잎이 빨간 '푸르푸레아', 가지가 아래로 처지는 '펜둘라'가 공원수로 많이 사용되고 있다. 영국식 정원이나 유럽을 이미지로 삼은 정원을 만들고 싶다면 반드시 선택해야 할 수목이라고 할 수 있다.

다만 너도밤나무는 약간 서늘한 지역을 좋아하기 때문에 무더위가 심한 장소에서는 키우기 어렵다. 또 물을 좋아하기 때문에 건조한 장소를 피해야 하는 등 식재 환경을 파악하는 것이 중요하다.

너도밤나무는 크게 자라는 수목이기 때문에 공간을 넓게 확보할 수 있는 장소에 심는 것이 바람직하다. 크게 자라기 때문에 중목은 심지 않고 햇볕이 잘 드는 녹지의 중앙에 배치하며 주변에 잔디 등의 지피를 심는 정도로 그친다. 지피는 너도밤나무와 마찬가지로 서늘한 환경에 강한 잔디인 왕포아풀이나 호밀풀 등의 서양 잔디가 좋다.

1 왕포아풀

2 호밀풀

낙엽 활엽수

고목

중목

노각나무

Stewartia pseudocamellia

차나무과 노각나무속

이명
비단나무, 금수목,
노가지나무

수고
2.5m

수관폭
0.6m

흉고 둘레
다간 수형

꽃 피는 시기
6~7월

열매 익는 시기
10월

식재 적기
12~3월

환경 특성
일조 | 양달 ——————— 응달
습도 | 건조 ——————— 습윤
온도 | 높음 ——————— 낮음

식재 가능
전국 대부분 지역

자연 분포
한국(전라도, 경상남도)

잎

진한 녹색의 잎은 약간 두꺼운 막질이다. 잎몸은 길이 4~12센티미터의 도란형이며 어긋나기로 달린다. 잎 끝은 뾰족하고 잎 가장자리에 작은 톱니가 있다. 큰일본노각나무보다 크고 잎맥이 두드러진다.

꽃

6~7월에 잎겨드랑이에서 지름 5~6센티미터의 흰 꽃이 위를 향해 핀다. 꽃 피는 시기가 겨울~봄인 동백나무와 달리 노각나무속은 초여름에 꽃을 즐길 수 있다.

큰일본노각나무

차나무과 노각나무속. 꽃이 피는 시기는 노각나무와 같은 6~7월이다. 줄기껍질은 매끄럽고 광택이 있으며 적갈색을 띤다. 가을에는 아름다운 단풍이 든다(188페이지 참조).

1 | 설구화

2 | 가막살나무

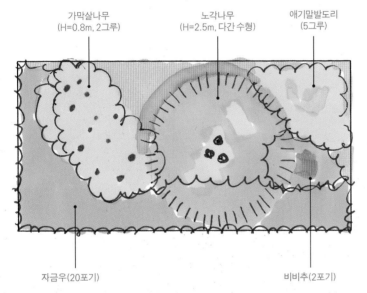

가막살나무
(H=0.8m, 2그루)

노각나무
(H=2.5m, 다간 수형)

애기말발도리
(5그루)

자금우(20포기)

비비추(2포기)

[식재 방법]

봄의 흔적을 느끼게 해 주는 흰 꽃의 정원으로 만든다

노각나무는 줄기껍질 모양이 개성적이어서 꽃과 잎이 떨어진 뒤에도 관상하기 좋다. 봄의 끝자락에 흰 꽃을 즐길 수 있는 수종을 모아서 봄의 흔적이 느껴지는 정원을 만들자.

노각나무는 석양볕을 싫어하고 습윤한 환경을 좋아하기 때문에 동쪽 또는 북쪽, 중앙 정원 등 일조 조건이 조금 나쁜 곳에 심고 햇볕이 잘 드는 장소나 건조한 장소는 피한다.

녹지 공간을 1:2로 나눈 위치에 다간 수형의 노각나무를 배치하고 공간이 크게 빈 쪽에는 흰 꽃과 단풍을 즐길 수 있는 가막살나무나 일본고광나무, 설구화를 심는다.

노각나무는 크게 자라지 않기 때문에 중목은 심지 않는 편이 좋다. 저목은 애기말발도리, 지피는 자금우나 여러해살이풀인 비비추 등을 심는다.

3 | 일본고광나무

4 | 애기말발도리

5 | 비비추

6 | 자금우

1 설구화
H=0.8m

2 가막살나무
H=0.8m

3 일본고광나무
H=0.8m

4 애기말발도리
H=0.3m

5 비비추

6 자금우

낙 엽 활 엽 수

고목

중목

노린재나무

Symplocos sawafutagi

노린재나무과 노린재나무속

이명
백화단, 우비목

수고
1.5m

수관폭
0.7m

흉고 둘레
－－

꽃 피는 시기
5~6월

열매 익는 시기
9~10월

식재 적기
12~3월 중순

환경 특성

	중간	
일조	양달 ━━━╋━━ 응달	
습도	건조 ━━━╋━ 습윤	
온도	높음 ━╋━━━━ 낮음	

식재 가능
전국 대부분 지역

자연 분포
한국, 일본, 중국

잎

길이 4~8센티미터의 도란형 또는 타원형 잎이 어긋나기로 달린다. 앞뒷면 모두 털이 있어서 깔끄러우며 뒷면의 맥 위에는 털이 많다. 잎 가장자리에는 작은 톱니가 있다.

꽃

5~6월에 곁가지 끝에서 원뿔꽃차례가 나오며 흰색 꽃이 달린다. 꽃차례가 나는 가지에는 털이 있다. 꽃은 지름 7~8밀리미터이며 피어 있는 모습이 새털을 연상시킨다.

열매

길이 6~7밀리미터의 핵과다. 가을에 선명한 남색으로 익는다. 열매가 흰색으로 익는 흰노린재나무와 검은색으로 익는 검노린재나무도 있다.

1 | 작살나무

2 | 병아리꽃나무

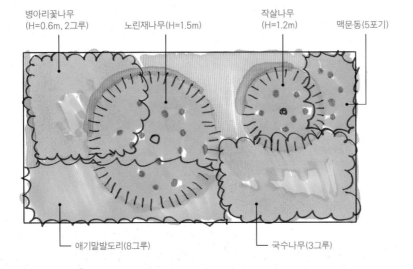

병아리꽃나무
(H=0.6m, 2그루)   노린재나무(H=1.5m)   작살나무
(H=1.2m)   맥문동(5포기)

애기말발도리(8그루)   국수나무(3그루)

3 | 국수나무

4 | 애기말발도리

5 | 길상초

6 | 맥문동

[식재 방법]

관상하기 좋은 남색 열매를 중심으로 구성을 생각한다

노린재나무는 정원수로는 유명하지 않은 수종이지만 산간 지역의 밝은 숲처럼 야생의 정취가 가득한 공간을 만들 때 편리한 낙엽 활엽수다. 봄에는 작고 흰 꽃을 피우며, 가을에는 관상하기 좋은 남색 열매가 달린다. 이런 특징을 살린 다음과 같은 정원 디자인을 제안한다.

식재 공간을 1:2 정도로 나눈 장소에 노린재나무를 배치한다. 노린재나무는 가지가 무질서하게 뻗기 때문에 함께 심을 중목과 저목도 질서정연하게 자라지 않는 것을 선택한다.

공간이 넓게 빈 쪽에는 작살나무를 심는다. 작살나무도 노린재나무와 비슷하게 가을에 자주색 열매를 즐길 수 있다. 저목으로는 습한 장소를 좋아하고 가지가 자유분방하게 뻗는 낙엽 활엽수인 국수나무와 봄에 흰 꽃을 피우는 애기말발도리나 병아리꽃나무를 사용한다.

지피로는 여름이 끝날 무렵 자주색 꽃을 피우는 맥문동이나 길상초를 심는다.

1 작살나무
H=1.2m

2 병아리꽃나무
H=0.6m

3 국수나무
H=0.5m

4 애기말발도리
H=0.3m

5 길상초

6 맥문동

낙엽 활엽수

고목

느티나무

Zelkova serrata

중목

느릅나무과 느티나무속

이명
대엽수, 정자나무

수고
3.0m

수관폭
1.0m

흉고 둘레
10cm

꽃 피는 시기
6~9월

열매 익는 시기
8~9월

식재 적기
11~3월

환경 특성

	중간	
일조	양달 ━━┿━━	응달
습도	건조 ━━━┿━	습윤
온도	높음 ━━┿━━	낮음

식재 가능
전국 대부분 지역

자연 분포
한국, 일본, 중국, 몽골,
시베리아

푸조나무

삼과 푸조나무속. 이명은 검팽나무, 곰병나무, 평나무. 혼슈~오키나와에 분포한다. 생장이 빠르고 병충해에 강해 가로수나 공원수로 사용된다.

팽나무

삼과 팽나무속. 이명은 포구나무. 혼슈~오키나와에 분포한다. 생장이 빠르고 바닷바람에 강해서 해안 지방에 적합하다. 왕오색나비의 애벌레가 팽나무의 잎을 먹고 자란다.

느티나무 '무사시노'

느티나무의 원예종. 느티나무 '무사시노'는 줄기가 곧게 자라고 수관폭이 일반적인 느티나무의 1/4 정도밖에 안 되기 때문에 좁은 공간에도 심을 수 있다.

1 | 무궁화

2 | 작살나무

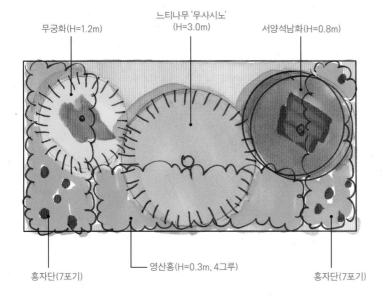

무궁화(H=1.2m)

느티나무 '무사시노'
(H=3.0m)

서양석남화(H=0.8m)

홍자단(7포기)

영산홍(H=0.3m, 4그루)

홍자단(7포기)

[식재 방법]

좁은 정원에서 느티나무를 즐기고 싶을 때는 원예종을 사용한다

일반적으로 느티나무는 술잔 모양의 수형이 되기 때문에 심으려면 상당히 넓은 정원이 필요하다. 만약 좁은 공간에 느티나무를 심고 싶다면 원예종인 느티나무 '무사시노'를 사용한다.

정원의 거의 중앙에 느티나무 '무사시노'를 배치한다. 가지가 옆으로 퍼지지 않게 된 만큼 하부가 허전해지기 쉬우니 중목을 함께 심어서 시선 높이에 녹색을 충분히 확보한다. 상록 활엽수인 서양석남화나 홍화하, 낙엽 활엽수인 무궁화나 작살나무 등을 함께 심으면 봄부터 가을까지 꽃과 열매를 즐길 수 있다.

아래에는 낮게 퍼져 나가는 저목인 영산홍이나 지피류인 홍자단 등을 공간을 채우듯이 배치한다. 앞에서 추천한 중목이 부피가 있으니 저목은 조금만 심는다.

3 | 서양석남화

4 | 홍화하

5 | 영산홍

6 | 홍자단

1 무궁화
H=1.2m

2 작살나무
H=1.2m

3 서양석남화
H=0.8m

4 홍화하
H=0.8m

5 영산홍
H=0.3m

6 홍자단

낙엽 활엽수

고목

중목

Acer spp.

단풍나무류

시볼드당단풍

무환자나무과 단풍나무속

이명
− −

수고
2.5m

수관폭
0.8m

흉고 둘레
다간 수형

꽃 피는 시기
5~6월

열매 익는 시기
6~9월

식재 적기
11월 하순~1월 중순

환경 특성

	중간	
일조	양달 ──┼── 응달	
습도	건조 ──┼── 습윤	
온도	높음 ──┼── 낮음	

식재 가능
전국 대부분 지역

자연 분포
한국, 일본

단풍나무

잎은 마주나기로 달리며, 5~7갈래로 마치 손 모양처럼 갈라진다. 공원이나 정원 등에서 가장 자주 사용된다.

고로쇠나무

이명은 색목축, 고로실나무, 오각풍. 가을에 노란색으로 단풍이 든다. 맹아력이 있어 가지치기를 잘 견디기 때문에 가로수로 사용되지만 강풍·연해·조해에 조금 약하다.

일본당단풍 '아코니티폴리움'

일본당단풍의 원예종. 잎의 형태가 공작이 꼬리 날개를 펼친 것처럼 보인다고 해서 무공작(舞孔雀)이라고도 부른다.

1 | 공작단풍

2 | 삼색싸리

단풍을 부각시키기 위해 녹색 배경을 만든다

단풍이 특징인 수목으로 정원을 만들 때의 주안점은 다채로운 색을 어떻게 부각시키느냐다. 상록수로 녹색 배경을 만들거나 벽 또는 울타리의 색을 조정해서 단풍의 색과 대비시키는 것이 포인트다.

녹지 공간을 6:4 혹은 7:3으로 나눈 위치에 2.5미터 정도의 시볼드당단풍(왼쪽 페이지의 위쪽 사진)이나 공작단풍을 배치한다. 단풍나무류는 덧가지가 뻗는 경우가 많기 때문에 함께 심을 수목으로 화살나무나 캠퍼철쭉처럼 약간 큰 저목을 선택한다. 뿌리도 관상하기 좋기 때문에 밑동 부분에 소엽맥문동이나 홍지네고사리 같은 양치식물을 곁들이듯 심는다.

떨어진 뒤에도 단풍이 아름답게 보이도록 바닥의 포장에 신경을 쓴다. 바람에 날아가지 않게 하려면 모래나 흙 등으로 올록볼록하게 포장하는 것이 좋다.

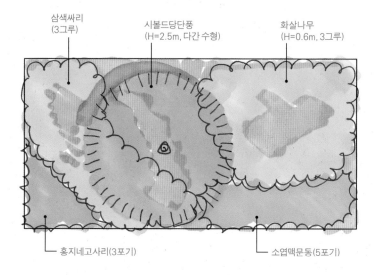

삼색싸리
(3그루)

시볼드당단풍
(H=2.5m, 다간 수형)

화살나무
(H=0.6m, 3그루)

홍지네고사리(3포기)

소엽맥문동(5포기)

3 | 화살나무

4 | 캠퍼철쭉

5 | 홍지네고사리

6 | 소엽맥문동

1 공작단풍
H=2.0m

2 삼색싸리
H=0.8m

3 화살나무
H=0.6m

4 캠퍼철쭉
H=0.6m

5 홍지네고사리

6 소엽맥문동

낙엽 활엽수

고목

닭벼슬나무

Erythrina crista-galli

중목

콩과 에리트리나속

이명
황금목, 홍두화

수고
2.5m

수관폭
0.8m

흉고 둘레
– –

꽃 피는 시기
6~9월

열매 익는 시기
8~9월

식재 적기
4월 중순~6월 중순

환경 특성

	중간	
일조 | 양달	──┼────	응달
습도 | 건조	───┼───	습윤
온도 | 높음	──┼────	낮음

식재 가능
남부 지방

자연 분포
남아메리카 원산

잎

3출 겹잎으로 작은 잎은 길이 8~15센티미터의 난상장타원형이다. 앞면은 진한 녹색이며 뒷면은 흰색을 띤다. 가지나 꽃자루에는 구부러진 작은 가시가 있다.

꽃

꽃이 피는 시기는 6~9월로 여름에 어울리는 새빨간 꽃을 피운다. 꽃자루가 비틀려서 본래 위에 있어야 할 기꽃잎이 아래쪽이 된 채로 열린다. 날개꽃잎은 작아서 꽃받침에 가려져 보이지 않는다.

인도산호나무

인도 원산. 이명은 에리스리나. 일본에서는 오키나와와 오가사와라 제도에서만 심을 수 있다. 봄부터 초여름에 걸쳐 빨간 꽃을 피운다.

1 | 부용

2 | 돈나무

[식재 방법]
빨간 꽃으로 만드는
열대 분위기의 정원

닭벼슬나무의 원산지는 브라질이다. 초여름부터 즐길 수 있는 개성적인 빨간 꽃은 열대 분위기의 정원을 디자인하고 싶을 때 빼놓을 수 없는 요소다.

수고 2~3미터 정도인 것을 햇볕이 잘 들고 배수가 잘 되는 장소에 심는다. 줄기는 그렇게 높이 자라지 않지만 가지가 옆으로 넓게 퍼지기 때문에 중목을 함께 심지 말고 크고 작은 저목을 조합해 변화를 준다. 큰 저목으로는 여름에 꽃을 즐길 수 있는 부용이 있으며, 작은 저목으로는 돈나무나 다정큼나무, 섬향나무가 좋다.

닭벼슬나무는 낙엽수라 겨울이 되면 잎이 떨어져 앙상해지기 때문에 상록수들을 닭벼슬나무의 앞쪽에 심는다. 아래에는 지피로 봄에 커다란 핑크색 꽃을 피우는 상록수인 송엽국을 심는다.

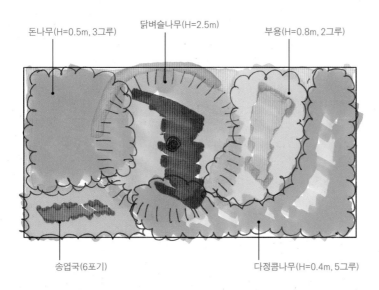

돈나무(H=0.5m, 3그루)   닭벼슬나무(H=2.5m)   부용(H=0.8m, 2그루)

송엽국(6포기)   다정큼나무(H=0.4m, 5그루)

3 | 다정큼나무

4 | 섬향나무

5 | 긴삼잎국화

6 | 송엽국

1 부용
H=0.8m

2 돈나무
H=0.5m

3 다정큼나무
H=0.4m

4 섬향나무
H=0.3m

5 긴삼잎국화

6 송엽국

낙 엽 활 엽 수

고목

중목

떡갈나무

Quercus dentata

참나무과 참나무속

이명
가랑잎나무, 참풀나무

수고
2.0m

수관폭
0.4m

흉고 둘레
— —

꽃 피는 시기
4~5월

열매 익는 시기
9~10월

식재 적기
2~3월, 10~11월

환경 특성

	중간	
일조	양달 ├──────┼──────┤ 응달
습도	건조 ├───┼──────┤ 습윤
온도	높음 ├──────┼──┤ 낮음

식재 가능
중남부 지역

자연 분포
동아시아

잎

잎은 길이 12~32센티미터의 도란 상장타원형이며 어긋나기로 달린 다. 잎 가장자리에는 물결 모양의 커다란 톱니가 있다. 앞면은 회갈 색이고 짧은 털과 솜털이 빽빽하 게 나 있다. 잎자루는 매우 짧다.

물참나무

이명은 소리나무, 물가리나무. 떡 갈나무의 잎은 가장자리가 물결 모양인데 비해 물참나무는 거친 톱니 모양이다. 또한 떡갈나무는 물참나무나 졸참나무와 자연 교 배해 잡종을 만드는 경우가 많다.

대왕참나무

참나무과 참나무속. 이명은 바 늘잎참나무. 북아메리카와 캐나 다 원산이다. 잎은 장타원형이며 5~6갈래로 깊게 파여 있다. 가을 의 단풍이 아름답다.

1 | 비쭈기나무

2 | 돈나무

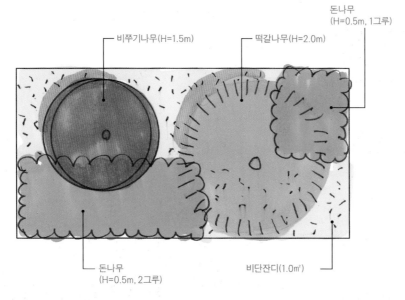

돈나무
(H=0.5m, 1그루)

비쭈기나무(H=1.5m)

떡갈나무(H=2.0m)

돈나무
(H=0.5m, 2그루)

비단잔디(1.0㎡)

[식재 방법]
상서로운 수목을 조합한다

떡갈나무는 먼 옛날부터 수목을 수호하는 신이 깃들어 있다고 전해지는 상서로운 품종이다. 일본에는 이처럼 수목에 의미를 부여하고 그런 수목들로 정원을 만드는 전통이 있다. 떡갈나무 정원을 만들 때는 '상서로움'을 키워드로 수목을 선택하고 식재 디자인을 생각하자. 떡갈나무는 옆으로 퍼지는 수형이기 때문에 중앙을 벗어난 조금 넓은 곳에 배치한다. 그리고 역시 상서로운 나무로 여겨지는 비쭈기나무를 반대쪽 빈 공간에 배치한다. 저목으로는 섣달 그믐날 밤에 문에 끼워 놓으면 악귀를 막아 준다고 하는 돈나무나 정월의 장식으로 사용하는 죽절초가 적당하다.

떡갈나무나 비쭈기나무, 돈나무는 바닷바람에 강한 수종이라서 해안과 가까운 정원의 식재에 이용할 수 있다. 이 경우에는 지피도 바닷바람에 강한 비단잔디나 들잔디, 털머위를 이용한다.

3 | 죽절초

4 | 털머위

5 | 비단잔디

6 | 들잔디

1 비쭈기나무
H=1.5m

2 돈나무
H=0.5m

3 죽절초
H=0.5m

4 털머위

5 비단잔디

6 들잔디

낙엽 활엽수

고목

중목

때죽나무

Styrax japonica

때죽나무과 때죽나무속

이명
노각나무, 족나무

수고
2.5m

수관폭
0.6m

흉고 둘레
다간 수형

꽃 피는 시기
5~6월

열매 익는 시기
10월

식재 적기
12~3월

환경 특성

	중간	
일조	양달 —┼—	응달
습도	건조 —┼—	습윤
온도	높음 —┼—	낮음

식재 가능
전국 대부분 지역

자연 분포
한국(중부 이남), 일본,
필리핀, 중국

꽃

꽃이 피는 시기는 5~6월. 작은 가지의 끝에서 총상꽃차례가 나와 길이 2~3센티미터의 꽃자루를 가진 나팔 모양의 작고 흰 꽃을 1~4개 늘어뜨린다.

열매

길이 1센티미터 정도의 난구형(卵球形). 처음에는 회백색이지만 8~9월에 익으면 과피가 세로로 갈라지면서 갈색의 종자가 나온다. 과피에는 에고사포닌이라는 독성 물질이 포함되어 있다.

쪽동백나무

때죽나무과 때죽나무속. 이명은 옥명화, 개동백나무. 때죽나무보다 꽃이 빽빽하게 달린다. 정원수나 공원수로 자주 사용된다.

1 | 떡갈잎수국

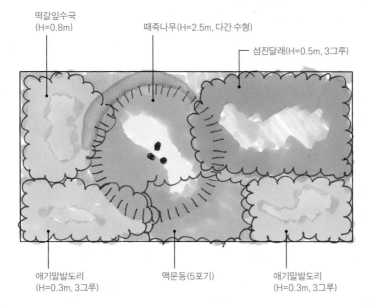

2 | 섬진달래

떡갈잎수국
(H=0.8m)

때죽나무(H=2.5m, 다간 수형)

섬진달래(H=0.5m, 3그루)

애기말발도리
(H=0.3m, 3그루)

맥문동(5포기)

애기말발도리
(H=0.3m, 3그루)

3 | 애기말발도리

4 | 꽃치자

5 | 키작은비치조릿대

6 | 맥문동

흰 꽃이 피는 잡목의 풍경을 중앙 정원으로 가져온다

때죽나무는 초여름의 흰 꽃과 그리 빽빽하게 달려 있지는 않아서 약간 동그스름한 잎이 인상적인 잡목이다. 생장이 비교적 느리고 그다지 크게 자라지 않아 단독 주택에서 이용하기 좋다. 약간 응달지고 습한 곳을 좋아하기 때문에 일조 조건이 나쁜 중앙 정원 등에 적합하다. 작은 종 모양의 흰 꽃이 수목 전체에 달리며 꽃이 진 뒤에는 흰 빛을 띠는 열매가 맺힌다.

때죽나무는 석양볕이 닿지 않는 동향의 정원이나 중앙 정원에 심는다. 다간 수형인 것이 잡목의 풍경을 만들기 편하다. 함께 심을 수목도 잎이나 꽃의 색이 차분한 것을 고르면 좋다. 다간 수형에 맞출 때는 중목 말고 약간 큰 저목을 고르면 입체적인 정원이 완성된다. 섬진달래나 떡갈잎수국, 애기말발도리, 꽃치자 등이 좋다.

지피는 밝은 녹색인 키작은비치조릿대나 맥문동 등이 조합하기 좋다.

1 떡갈잎수국
H=0.8m

2 섬진달래
H=0.5m

3 애기말발도리
H=0.3m

4 꽃치자
H=0.2m

5 키작은비치조릿대

6 맥문동

낙엽 활엽수

고목

마가목

Sorbus commixta

중목

장미과 마가목속

이명
잡화추, 마아목

수고
2.5m

수관폭
0.6m

흉고 둘레
10cm

꽃 피는 시기
5~7월

열매 익는 시기
9~10월

식재 적기
2~3월

환경 특성
일조 | 양달 ——+—— 중간 —— 응달
습도 | 건조 ——+—— 습윤
온도 | 높음 ——+—— 낮음

식재 가능
전국 대부분 지역

자연 분포
한국, 일본

꽃

5~7월에 가지 끝에서 복산방꽃차례가 나와 평평한 원형 꽃잎을 5장 가진 지름 6~10밀리미터의 매화 같은 흰 꽃을 여러 개 피운다.

열매

과실은 지름 5~6밀리미터의 구형 이과로 가지 끝에 모여서 달리기 때문에 아래로 처진다. 9~10월에 빨갛게 익으며 작은 새들이 이 열매를 즐겨 먹는다.

좀쉬땅나무

잎의 형태나 작고 흰 꽃이 여럿 달린 모습이 마가목과 매우 비슷한 낙엽 저목이지만 별개의 속이다. 정원수로 많이 이용된다.

1 | 퍼진철쭉

2 | 캠퍼철쭉

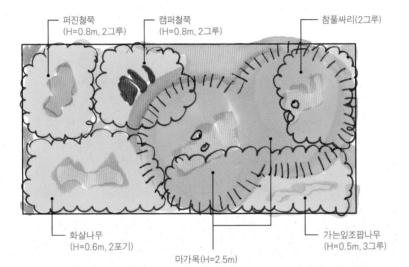

퍼진철쭉
(H=0.8m, 2그루)

캠퍼철쭉
(H=0.8m, 2그루)

참풀싸리(2그루)

화살나무
(H=0.6m, 2포기)

마가목(H=2.5m)

가는잎조팝나무
(H=0.5m, 3그루)

3 | 화살나무

4 | 낙상홍

5 | 참풀싸리

6 | 가는잎조팝나무

[식재 방법]

봄에는 흰 꽃을, 가을에는 단풍과 빨간 열매를 즐긴다

마가목은 도호쿠 지방에서 가로수로 많이 사용되고 있는 수종으로 서늘한 기후를 좋아한다. 또한 동시에 햇볕이 잘 드는 장소를 좋아한다. 가을에는 단풍과 빨간 열매를 즐길 수 있고 봄에는 작고 흰 꽃이 모여서 피는 모습이 상당히 볼 만하다. 햇볕이 잘 드는 녹지에 마가목 2그루를 약간 한쪽으로 치우치도록 심는다. 마가목은 중심 줄기 하나가 곧게 자라는 것이 아니라 아래쪽에서 분기하듯이 생장하며 좌우 대칭이 잘 되지 않는다. 가지가 튼튼하고 서로 뒤엉키는 식이 되기 때문에 중목을 조합하기보다 여러 그루를 줄지어 심어서 존재감을 드러낸다.

공간이 크게 빈 쪽에는 약간 높게 자라는 저목을 심는다. 캠퍼철쭉이나 퍼진철쭉 등 철쭉류가 조합하기 수월하다. 화살나무를 심으면 가을에 단풍을 즐길 수 있다. 앞쪽에는 수형이 자유로운 가는잎조팝나무나 참풀싸리를 배치한다.

1 퍼진철쭉
　H=0.8m

2 캠퍼철쭉
　H=0.8m

3 화살나무
　H=0.6m

4 낙상홍
　H=0.5m

5 참풀싸리
　H=0.5m

6 가는잎조팝나무
　H=0.5m

고목

매실나무

Armeniaca mume

중목

장미과 벚나무속

이명
매화나무

수고
2.0m

수관폭
1.0m

흉고 둘레
10cm

꽃 피는 시기
2~4월

열매 익는 시기
6월

식재 적기
11월 하순~1월,
6월 하순~7월 중순

환경 특성
	중간	
일조	양달 ┼───	응달
습도	건조 ───┼	습윤
온도	높음 ───┼	낮음

식재 가능
전국 대부분 지역

자연 분포
한국, 일본, 중국

열매

지름 2~3센티미터의 구형에 가
까운 핵과다. 표면에는 털이 빽빽
하게 나 있고 한쪽에 얕은 홈이 있
다. 6월에 노란색으로 익는다. 과
실을 즐기고 싶을 때는 실매(實梅)
가 좋다.

야매 계통(미치시루베)

원종에 가까운 야매(野梅) 계통의
꽃은 변화가 많고 다른 계통보다
향기가 좋다. 사진은 야매성 매실
나무 '미치시루베'로 3월 초순경에
담홍색 꽃을 피운다.

매실나무 '다이린료가쿠'

야매 계통의 품종. 꽃받침이 녹색
인 커다란 꽃이 1~2월에 피기 때
문에 초봄에 꽃을 즐길 수 있는
원예종이다. 새 가지가 녹색이고
꽃도 녹백색인 청축성이다.

1 | **납매**

2 | **마취목**

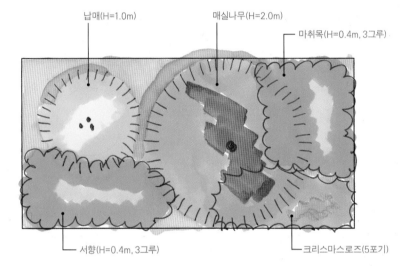

납매(H=1.0m)

매실나무(H=2.0m)

마취목(H=0.4m, 3그루)

서향(H=0.4m, 3그루)

크리스마스로즈(5포기)

3 | **서향**

5 | **크리스마스로즈**

4 | **풀명자**

6 | **아주가**

[식재 방법]
초봄이 느껴지는 꽃의 정원을 만든다

매실나무의 품종은 매우 다양해서 꽃의 색과 열매의 크기, 꽃이 피는 시기 등을 취향에 맞춰 고르는 즐거움이 있다.

매실나무는 햇볕이 잘 드는 곳을 좋아하며 과수류 중에서는 비교적 강인한 편이다. 수고는 최고 6미터 정도이고 깎아 다듬기도 잘 견뎌내기 때문에 부피감 측면에서나 관리 측면에서 단독 주택의 정원수로 적합하다.

매실나무는 빠를 경우 1월부터 꽃을 피운다. 추운 겨울의 자취가 남아 있는 초봄에 꽃을 피우는 수종으로 구성한 정원은 보는 이의 마음을 온화하게 만든다.

매실나무를 중심으로 초봄에 꽃을 피우는 대표적인 수종인 납매를 곁들인다. 납매는 향기도 즐길 수 있다.

저목으로는 3월경에 꽃이 피는 마취목이나 서향, 풀명자를 배치한다.

지피로는 1월경부터 꽃을 피우기 시작하는 크리스마스로즈나 아주가를 땅을 뒤덮듯이 심는다.

1 납매
H=1.0m

2 마취목
H=0.4m

3 서향
H=0.4m

4 풀명자
H=0.3m

5 크리스마스로즈

6 아주가

낙 엽 활 엽 수

고목

중목

매화오리나무

Clethra barbinervis

매화오리나무과
매화오리나무속

이명
까치수염꽃나무

수고
3.0m

수관폭
1.0m

흉고 둘레
다간 수형

꽃 피는 시기
6~8월

열매 익는 시기
10~11월

식재 적기
2~3월

환경 특성

	중간	
일조	양달 ├─────┼──	응달
습도	건조 ├───┼────	습윤
온도	높음 ├──┼─────	낮음

식재 가능
전국 대부분 지역

자연 분포
한국(한라산), 일본, 중국,
아메리카

꽃

꽃이 피는 시기는 6~8월로 가지
끝에서 길이 6~15센티미터의 총
상꽃차례가 나와 흰 꽃을 여러 개
피운다. 꽃이 진 뒤에 달리는 삭과
는 0.4~0.5밀리미터의 구형이며
갈색이다.

수피

수피는 다갈색~암갈색이고 매끄
럽다. 노각나무와 비슷한 반점 모
양이 독특한 분위기를 자아낸다.
바닥재로도 사용된다. 늙으면 얇
은 껍질이 벗겨진다.

향매화오리나무 '허밍버드'

북아메리카 원산의 원예종. 수관
이 작고 빽빽하며 향기가 좋은 흰
꽃이 이삭 모양으로 모여서 핀다.
매화오리나무보다 낮은 수고에서
수형이 잡힌다.

1 | 일본고광나무

2 | 떡갈잎수국

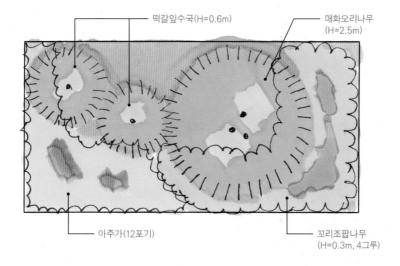

떡갈잎수국(H=0.6m)

매화오리나무
(H=2.5m)

아주가(12포기)

꼬리조팝나무
(H=0.3m, 4그루)

[식재 방법]

이삭 모양의 꽃들을
모아서 녹지를 만든다

매화오리나무는 햇볕이 잘 드
는 산등성이나 그 주변에 자생
하는, 약간 작은 크기의 낙엽
활엽수다. 밑동에서 가지가 분
기하며 약간 큰 잎이 모여서 달
린다. 꽃은 작고 흰 꽃이 이삭
모양으로 달린다. 수고가 그렇
게 높지 않기 때문에 주택의 정
원수로 적합하다. 햇볕을 좋아
하지만 햇볕이 너무 강한 장소
는 식재에 적합하지 않으며 습
도가 적당한 장소를 고른다.
남동쪽에서 남쪽의 녹지를 1:2
정도로 나눈 위치에 매화오리
나무를 심는다. 매화오리나무
는 방사형으로 가지를 뻗기 때
문에 주위의 식재 밀도는 그다
지 높이지 않으며 공간이 넓게
빈 쪽에는 떡갈잎수국이나 일
본고광나무, 상록풍년화를 배
치하는 정도로 그친다.
저목으로는 꼬리조팝나무를
매화오리나무의 앞쪽에 배치하
고 지피로는 아주가나 길상초
를 정원의 앞쪽에 심는다.

3 | 상록풍년화

4 | 꼬리조팝나무

5 | 길상초

6 | 아주가

1 일본고광나무
H=0.8m

2 떡갈잎수국
H=0.6m

3 상록풍년화
H=0.6m

4 꼬리조팝나무
H=0.3m

5 길상초

6 아주가

낙엽 활엽수

고목

중목

모과나무

Pseudocydonia sinensis

장미과 모과나무속

이명
산목과, 목과나무

수고
2.5m

수관폭
0.6m

흉고 둘레
10cm

꽃 피는 시기
4~5월

열매 익는 시기
10~11월

식재 적기
12~3월

환경 특성

	중간	
일조 | 양달		응달
습도 | 건조		습윤
온도 | 높음		낮음

식재 가능
중부 이남

자연 분포
중국 원산

열매

이과(梨果). 길이 10~15센티미터의 타원형 또는 도란형이며 10~11월에 노란색으로 익는다. 과육은 딱딱하고 떫은맛이 나기 때문에 식용으로는 사용하지 못한다.

줄기껍질

다 자란 나무의 수피는 매끄럽고 색은 녹색을 띤 적갈색이다. 비늘 모양으로 떨어지는데 떨어진 자리가 마치 구름 같은 문양이 되어서 아름답다.

털모과

이명은 마르멜로. 페르시아 원산이다. 모과나무와 달리 수피가 비늘 모양으로 떨어지지 않는다. 모과나무처럼 타원형의 열매가 달리지만 표면이 털로 덮여 있다.

1 | **공조팝나무**

2 | **의성개나리**

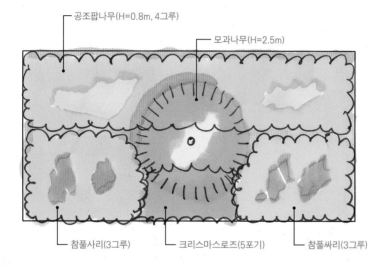

공조팝나무(H=0.8m, 4그루)

모과나무(H=2.5m)

참풀사리(3그루)

크리스마스로즈(5포기)

참풀싸리(3그루)

[식재 방법]
커다란 열매와 개성적인 줄기껍질을 강조한다

모과나무는 봄에 피는 연홍색의 꽃과 향기가 좋은 커다란 열매, 개성적인 줄기껍질 등 다양한 매력을 지닌 수목이다. 다만 잎이 그다지 빽빽하게 달리지 않기 때문에 나무 그늘을 즐길 수 있는 유형은 아니다. 열매를 쉽게 수확할 수 있고 낙엽이 떨어진 뒤의 운치 있는 줄기껍질을 즐길 수 있도록 수목을 배치하는 것이 정원을 디자인할 때의 포인트다.

햇볕이 잘 드는 정원의 중심에 모과나무를 심는다. 모과나무의 중후한 줄기껍질에는 공조팝나무나 참풀싸리, 개나리 같은 선적(線的)이고 자유분방한 수형의 중목·저목이 훌륭한 조화를 이룬다. 참풀싸리는 식재 후에 상당히 자라기 때문에 배치할 때 미리 공간을 비워 놓는 것이 좋다.

지피로는 크리스마스로즈나 비비추, 아욱메풀 등을 심는다. 이런 지피류들은 잎이나 꽃이 특징적이기 때문에 모과나무의 줄기껍질을 감상한 뒤에 자연스럽게 시선이 향할 곳을 만들 수 있다.

3 | **참풀싸리**

4 | **비비추**

5 | **크리스마스로즈**

6 | **아욱메풀**

1 공조팝나무
H=0.8m

2 의성개나리
H=0.5m

3 참풀싸리
H=0.5m

4 비비추

5 크리스마스로즈

6 아욱메풀

낙 엽 활 엽 수

고목

중목

목련

Magnolia kobus

목련과 목련속	
이명	
– –	
수고	
3.0m	
수관폭	
1.0m	
흉고 둘레	
12cm	
꽃 피는 시기	
3~4월	
열매 익는 시기	
9~10월 중순	
식재 적기	
11월 하순~12월	

환경 특성

	중간	
일조 │ 양달	━━━┿━━━	응달
습도 │ 건조	━━━━━┿━	습윤
온도 │ 높음	━━━━┿━━	낮음

식재 가능
전국 대부분 지역

자연 분포
한국, 일본

자목련

이명은 자목란, 망춘화. 중국 원산. 3~4월에 약 10센티미터 길이의 통 모양을 한 어두운 자홍색 꽃이 작은 가지의 끝에 1개씩 핀다. 자주색 목련의 대표 수종이다.

백목련

이명은 백목란, 영춘화. 중국 원산. 3~4월에 가지 끝에서 목련과 닮았지만 목련보다 중량감이 있는 꽃이 핀다. 목련보다 생장이 느리다.

소녀 시리즈 목련 '주디'

자목련과 별목련의 교잡종인 '소녀 시리즈 목련'의 품종 중 하나. 약간 작은 자홍색의 꽃을 여러 개 피운다. 목련보다 늦게 핀다.

1 | 소녀 시리즈 목련 '수잔'

2 | 자주촛대초령목

[식재 방법]
목련을 비롯해 봄을 알리는 꽃나무로 정원을 구성한다

벚꽃보다 먼저 피기 시작하는 목련은 봄을 알리는 꽃나무 중 하나다. 목련속은 종류가 풍부하기 때문에 2종류 정도를 섞어서 봄을 길게 만끽할 수 있는 정원으로 만들자.

목련꽃은 크기가 크기 때문에 작은 꽃을 피우는 수목과 대비가 되도록 조합하면 화려함이 두드러진다. 중앙에서 조금 벗어난 곳에 목련을 배치하고 빈 공간에 소녀 시리즈 목련을 심는다. 목련도 소녀 시리즈 목련도 낙엽수이기 때문에 반대쪽 공간에는 같은 목련과이면서 상록수인 자주촛대초령목을 배치한다.

저목으로는 목련이 필 무렵에 작은 꽃을 많이 피우는 가는잎조팝나무나 공조팝나무, 노란 꽃으로 강조점이 되어 주는 의성개나리를 심는다.

아래에는 나뭇잎 모양이 특징적인 크리스마스로즈를 심으면 목련이 피기 전후에도 꽃을 즐길 수 있다.

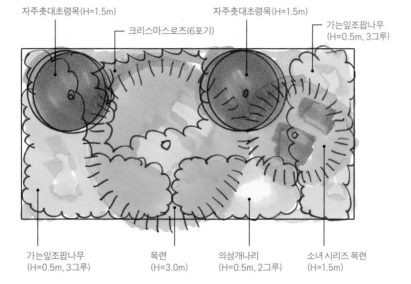

자주촛대초령목(H=1.5m)
크리스마스로즈(6포기)
자주촛대초령목(H=1.5m)
가는잎조팝나무(H=0.5m, 3그루)
가는잎조팝나무(H=0.5m, 3그루)
목련(H=3.0m)
의성개나리(H=0.5m, 2그루)
소녀 시리즈 목련(H=1.5m)

3 | 공조팝나무

4 | 의성개나리

5 | 가는잎조팝나무

6 | 크리스마스로즈

1 소녀 시리즈 목련 '수잔'
H=1.5m

2 자주촛대초령목
H=1.5m

3 공조팝나무
H=0.5m

4 의성개나리
H=0.5m

5 가는잎조팝나무
H=0.5m

6 크리스마스로즈

낙 엽 활 엽 수

고목

중목

박태기나무

Cercis chinensis

콩과 박태기나무속

이명
구슬꽃나무, 소방목,
밥풀떼기나무

수고
2.0m

수관폭
1.0m

흉고 둘레
— —

꽃 피는 시기
4월

열매 익는 시기
10~11월

식재 적기
11~3월

환경 특성

	중간	
일조	양달 —┼—	응달
습도	건조 —┼—	습윤
온도	높음 —┼—	낮음

식재 가능
전국 대부분 지역

자연 분포
중국 중부 · 북부 원산

꽃

꽃이 피는 시기는 4월경이며 잎이
나기에 앞서 지난해의 가지나 오
래된 가지에서 나비처럼 생긴 홍
자색 꽃이 모여 핀다. 가지에 빽빽
하게 꽃이 달리기 때문에 멀리서
도 눈에 잘 띈다.

열매

강낭콩 크기를 키운 것 같은 평평
한 꼬투리 형태의 두과(荳果). 길이
5~7센티미터의 장타원형이며 양
끝이 뾰족하다. 10~11월에 익으
면 자주색을 띤 갈색이 된다.

캐나다박태기나무

북아메리카 원산. 사진은 원예종
인 캐나다박태기나무 '포레스트
팬지'다. 새잎이 날 때의 자홍색이
특징이며 밝은 홍색~녹색을 띤
진한 자주색으로 변화한다.

1 | **티보치나**

2 | **이탈리아목형**

티보치나
(H=1.0m)

박태기나무(H=2.0m)

일본산철쭉(3그루)

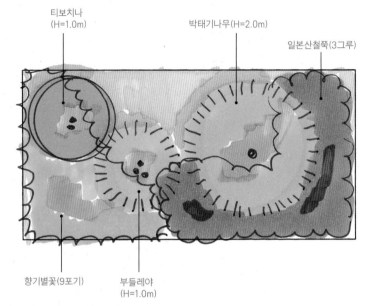

향기별꽃(9포기)

부들레야
(H=1.0m)

3 | **부들레야**

4 | **일본산철쭉**

5 | **자란**

6 | **향기별꽃**

[식재 방법]

봄부터 가을에 걸쳐 피는 화려한 자주색 꽃의 공간

박태기나무의 매력은 존재감 있는 꽃이다. 봄에 잎이 나기 전에 진한 자주색의 꽃을 피운다. 이 시기에 이 정도로 진한 색의 꽃을 피우는 수목은 없기 때문에 보는 이에게 강한 인상을 준다.

박태기나무는 2미터 정도에서 더 크게 자라지는 않아서 식재 공간이 그다지 필요하지 않다. 다만 가지가 옆으로 퍼지기 때문에 주위 공간을 확보해야 한다.

식재 공간을 1:3 정도로 나눈 위치에 박태기나무를 심는다. 공간이 넓게 빈 쪽에 중목으로 부들레야, 티보치나, 이탈리아목형을 심어서 봄부터 초가을까지 진한 자주색 꽃이 연속해서 피게 한다.

저목으로도 자주색 꽃을 피우는 수종을 고르면 전체 디자인에 통일감이 생겨난다. 매우 강인해서 관리해 줄 필요가 적은 일본산철쭉을 고르자. 그리고 입체감이 생기도록 지피로 향기별꽃이나 자란을 심는다.

1 티보치나
H=1.0m

2 이탈리아목형
H=1.0m

3 부들레야
H=1.0m

4 일본산철쭉
H=0.5m

5 자란

6 향기별꽃

낙엽 활엽수

배롱나무

Lagerstroemia indica

고목

중목

부처꽃과 배롱나무속

이명
백일홍

수고
2.5m

수관폭
1.0m

흉고 둘레
12cm

꽃 피는 시기
7~9월

열매 익는 시기
10~11월

식재 적기
3월 중순~4월 중순,
6월 하순~7월 중순, 9월

환경 특성

		중간	
일조	양달	━┿━━	응달
습도	건조	━━┿━	습윤
온도	높음	━━┿━	낮음

식재 가능
전국 대부분 지역

자연 분포
중국 남부 원산

꽃

꽃이 피는 시기는 7~9월로 주름 장식처럼 생긴 지름 3~4센티미터의 홍자색 또는 백색 꽃이 여러 송이 핀다. 꽃이 차례차례 만개해 꽃이 피는 기간이 긴 것이 특징이다.

수피

수피는 질감이 매끄럽고 반들반들하다. 담홍갈색 껍질이 얇게 벗겨져 떨어지면 연한 색의 껍질이 드러난다. 겨울철에 잎이 떨어져도 독특한 존재감을 드러낸다.

남방배롱나무

배롱나무만큼 가지가 옆으로 퍼지지는 않는다. 꽃은 흰색이고 가을의 단풍도 아름답다. 중국, 타이완 외에 오키나와 지역에도 자생한다.

1 | 부용

2 | 일본조팝나무

일본조팝나무
(H=0.4m, 2그루)

배롱나무
(H=2.5m)

부용
(H=1.0m, 2그루)

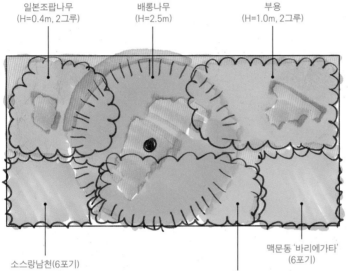

소스랑남천(6포기)

맥문동 '바리에가타'
(6포기)

꽃댕강나무 '에드워드 가우처'(8포기)

[식재 방법]
오랜 기간 감상할 수 있는 여름 꽃나무로 정원을 구성한다

배롱나무는 대표적인 여름 꽃나무다. 배롱나무를 중심목으로 삼을 때는 꽃의 매력을 끌어낼 수 있는 방향을 의식하면서 정원을 디자인한다.

햇볕이 잘 드는 장소를 좋아하는 배롱나무는 남향에서 서향의 정원에 배치한다. 배롱나무의 꽃은 일반적으로 진한 붉은색이지만 흰색이나 핑크색, 자주색 등의 원예종도 있으니 취향에 맞게 선택한다. 배롱나무는 수형이 흐트러지기 때문에 함께 심을 중목은 키가 작은 것을 고른다.

식재할 공간의 중앙에서 약간 벗어난 곳에 배롱나무를 심고, 공간이 넓게 빈 쪽에는 여름에 꽃을 피우는 낙엽 활엽수인 부용을 심는다. 부용은 생장이 빠르기 때문에 크게 자랄 것을 어느 정도 예상하고 공간을 확보해 놓자.

배롱나무의 껍질이나 수형도 즐길 수 있도록 저목은 높이를 낮게 억제할 수 있는 소스랑남천이나 꽃댕강나무 '에드워드 가우처', 일본조팝나무 등을, 지피로는 맥문동 '바리에가타'나 털머위 등을 심는 선에서 그친다.

1 부용
H=1.0m

2 일본조팝나무
H=0.4m

3 꽃댕강나무 '에드워드 가우처'

4 소스랑남천

5 털머위

6 맥문동 '바리에가타'

3 | 꽃댕강나무 '에드워드 가우처'

4 | 소스랑남천

5 | 털머위

6 | 맥문동 '바리에가타'

고목

중목

벚나무류

Cerasus incisa

콩벚나무

장미과 벚나무속

이명
후지벚나무

수고
2.5m

수관폭
1.0m

흉고 둘레
− −

꽃 피는 시기
3월 하순~4월 초순

열매 익는 시기
6월

식재 적기
12~1월

환경 특성

	중간	
일조 │ 양달		응달
습도 │ 건조		습윤
온도 │ 높음		낮음

식재 가능
전국 대부분 지역

자연 분포
한국, 일본, 중국

왕벚나무

일본을 대표하는 벚나무. 꽃이 잎보다 먼저 피고 만개한 꽃이 떨어진 뒤에 잎이 나온다. 병에 걸리거나 벌레가 발생하는 일이 많다.

올벚나무

왕벚나무보다 꽃이 일찍 핀다. 수명이 길어서 전국에 벚꽃 명소가 있다. 겹꽃인 것과 꽃의 색이 진한 것 등 품종도 많다. 상징목으로 삼기에 알맞다.

벚나무 '칸잔'

벚나무 '칸잔'은 인간이 만들어낸 대표적인 원예종으로 꽃의 색이 진하다. 겹꽃이어서 겹벚나무라고 부르기도 한다.

1 | 산이스라지

2 | 산옥매

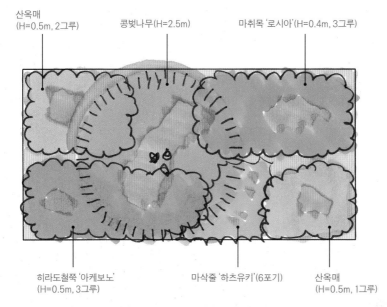

산옥매
(H=0.5m, 2그루)

콩벚나무(H=2.5m)

마취목 '로시아'(H=0.4m, 3그루)

히라도철쭉 '아케보노'
(H=0.5m, 3그루)

마삭줄 '하츠유키'(6포기)

산옥매
(H=0.5m, 1그루)

3 | 히라도철쭉 '아케보노'

4 | 팥꽃나무

5 | 마취목 '로시아'

6 | 마삭줄 '하츠유키'

[식재 방법]

벚나무를 중심으로 꽃나무를 즐긴다

벚나무류는 품종이 매우 많은 수종이다. 대표적인 품종은 왕벚나무지만 생장이 빠르고 매우 크게 자라기 때문에 공간에 그다지 여유가 없는 경우에는 식재에 적합하지 않다. 도시 지역의 일반적인 개인 주택에서는 크게 자라지 않는 품종을 사용해 벚꽃을 즐기는 편이 좋다. 크게 자라지 않는 대표적인 품종은 콩벚나무로 수고 3미터 정도에서 성장이 멈추며 꽃을 많이 피운다.

중앙에서 벗어난 위치에 콩벚나무를 배치하고 공간이 넓게 빈 쪽에 상록 꽃나무인 마취목 '로시아'를 심는다.

저목은 연한 분홍색의 큰 꽃을 피우는 상록수인 히라도철쭉 '아케보노'나 낙엽 활엽수인 산옥매, 산이스라지, 팥꽃나무 등을 조합하면 보기 좋다. 콩벚나무는 아래쪽에서 가지가 갈라지듯이 자라기 때문에 키가 큰 저목을 조합하면 균형이 무너진다. 밑동 부분에는 잎이 꽃을 연상시키는 색이 되는 마삭줄 '하츠유키'를 심는다

1 산이스라지
   H=0.5m

2 산옥매
   H=0.5m

3 히라도철쭉 '아케보노'
   H=0.5m

4 팥꽃나무
   H=0.5m

5 마취목 '로시아'
   H=0.4m

6 마삭줄 '하츠유키'

낙엽 활엽수

고목

산딸나무

Benthamidia japonica

중목

층층나무과 층층나무속

이명
미영꽃나무, 박달나무

수고
3.0m

수관폭
1.0m

흉고 둘레
다간 수형

꽃 피는 시기
5~7월

열매 익는 시기
9~10월

식재 적기
2~3월

환경 특성

		중간	
일조	양달	—┼—	응달
습도	건조	—┼—	습윤
온도	높음	—┼—	낮음

식재 가능
전국 대부분 지역

자연 분포
한국, 일본, 중국

꽃

5~7월에 걸쳐 개화한다. 꽃산딸나무와 닮은 꽃으로 흰색 꽃잎처럼 보이는 것은 총포편이다. 총포편의 중심에는 연한 황록색의 작은 꽃이 밀집해서 핀다.

열매

구형의 집합과(集合果)로 지름은 1~1.5센티미터다. 9~10월에 빨갛게 익는다. 과실은 점핵성으로 단맛이 나며 먹을 수 있다. 유백색을 띤 소형의 종자가 과실 하나에 8알 들어 있다.

아미산산딸나무

층층나무과 층층나무속. 산딸나무의 일종으로 상록수다. 산딸나무보다 잎이 약간 소형이며 가지와 잎이 빽빽하게 달린다. 겨울에는 추위에 잎이 빨갛게 변한다.

1 | **병아리꽃나무**

2 | **꽃댕강나무**

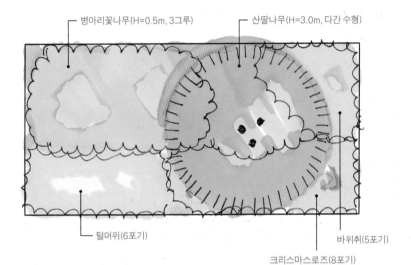

병아리꽃나무(H=0.5m, 3그루)   산딸나무(H=3.0m, 다간 수형)

털머위(6포기)

크리스마스로즈(8포기)

바위취(5포기)

3 | **히페리쿰 모노기눔**

4 | **크리스마스로즈**

5 | **털머위**

6 | **바위취**

[식재 방법]
차분한 흰 꽃이 피는 야산의 풍취를 연출한다

산딸나무는 야산에서 볼 수 있는 낙엽 활엽수로 꽃산딸나무와 매우 닮은 꽃을 피운다(꽃산딸나무의 이명은 '미국산딸나무'다). 꽃산딸나무처럼 크게 자라지 않아서 정원수로 적합하다. 꽃산딸나무는 4월에 잎이 나기 전에 꽃을 피워서 화려한 인상을 주지만, 산딸나무는 5월에 잎이 난 뒤에 꽃을 피우기 때문에 차분한 분위기다.

산딸나무는 석양볕을 싫어하기 때문에 동쪽에서 남쪽 방향의 녹지에 심는다. 녹지를 1:2 정도로 나눈 위치에 다간 수형의 산딸나무를 배치하고, 공간이 넓게 빈 쪽에는 병아리꽃나무나 히페리쿰 모노기눔, 꽃댕강나무를 심는다.

다간 수형은 밑동도 감상의 대상이기 때문에 밑동을 가리지 않도록 털머위나 바위취, 크리스마스로즈 등의 지피류로 덮는 정도에 그친다.

1 병아리꽃나무
H=0.8m

2 꽃댕강나무
H=0.5m

3 히페리쿰 모노기눔
H=0.5m

4 크리스마스로즈

5 털머위

6 바위취

낙엽 활엽수

고목

중목

Cornus officinalis

산수유나무

층층나무과 층층나무속

이명
등태목, 물깨금나무,
꺼그렁나무

수고
2.5m

수관폭
0.8m

흉고 둘레
− −

꽃 피는 시기
3~4월(초순)

열매 익는 시기
10월 중순~11월

식재 적기
11~3월

환경 특성

	중간	
일조ㅣ양달		응달
습도ㅣ건조		습윤
온도ㅣ높음		낮음

식재 가능
중남부 지역

자연 분포
중국·한국 원산

꽃

3~4월에 잎이 나기에 앞서 나무
전체에서 꽃이 핀다. 짧은 가지의
끝에서 지름 2~3센티미터의 산
형꽃차례가 나오며 밝은 담황색의
작은 꽃이 여러 개 달린다.

열매

길이 1.2~2센티미터의 장타원형
핵과로 10월 중순~11월에 빨갛
게 익는다. 핵은 길이 8~12밀리
미터이고 중앙에 세로로 능선이
있다. 과육은 생약으로 이용된다.

꽃산딸나무의 꽃

꽃산딸나무는 산수유나무와 마찬
가지로 층층나무과지만 꽃의 인상
이 다르다. 산수유나무는 일본풍
정원, 꽃산딸나무는 서양풍 정원
에 사용될 때가 많다.

1 | 납매

2 | 일본재스민

일본재스민
(H=0.6m, 3그루)

산수유나무
(H=2.5m)

납매
(H=1.8m)

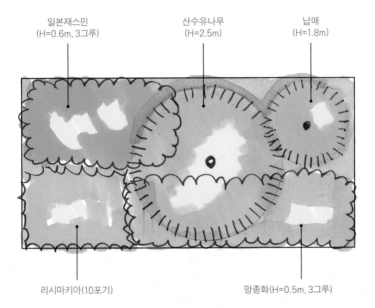

리시마키아(10포기)

망종화(H=0.5m, 3그루)

3 | 양골담초

4 | 망종화

5 | 히페리쿰 모노기눔

6 | 리시마키아

[식재 방법]

봄의 꽃나무로 만드는 옐로가든

봄에는 산수유나무처럼 노란 꽃을 피우는 수목이 많기에 그런 수목들을 모아서 '봄의 옐로가든'을 만들면 아직 추위가 남아 있는 초봄에 따뜻함을 느낄 수 있는 정원이 된다.

산수유나무는 햇볕이 잘 드는 곳을 좋아하기 때문에 남향으로 배치한다. 정원의 공간을 1:2 정도로 나눈 위치에 산수유나무를 배치하고 중목인 납매를 공간이 넓게 빈 쪽에 심는다. 납매 앞쪽에 꽃이 피는 시기가 초여름(6~7월)인 망종화나 히페리쿰 모노기눔을 심으면 봄꽃 시즌이 끝난 뒤에도 꽃을 즐길 수 있다.

납매의 반대쪽에는 저목으로 상록 활엽수이면서 녹색 가지가 아름다운 일본재스민이나 양골담초를 배치하고 5~7월에 꽃이 피는 지피인 리시마키아로 그 아래를 덮는다. 잎이 노란색인 황금리시마키아를 이용하면 더욱 옐로가든스럽게 만들 수 있다.

1　납매
　　H=1.8m

2　일본재스민
　　H=0.6m

3　양골담초
　　H=0.5m

4　망종화
　　H=0.5m

5　히페리쿰 모노기눔
　　H=0.5m

6　리시마키아

고목

중목

상수리나무

Quercus acutissima

참나무과 참나무속

이명
참나무, 도토리나무,
보춤나무

수고
3.0m

수관폭
0.8m

흉고 둘레
12cm

꽃 피는 시기
4~5월

열매 익는 시기
10월

식재 적기
12~3월, 6월 하순~7월

환경 특성

	중간	
일조	양달 ——┼——	응달
습도	건조 ——┼——	습윤
온도	높음 ——┼——	낮음

식재 가능
중남부 지역

자연 분포
한국, 중국, 일본

잎

진한 녹색의 잎은 길이 8~15센티
미터의 장타원상피침형(長楕圓狀
披針形)이며 어긋나기로 달린다. 잎
의 좌우는 부정형이고 가장자리
에 톱니가 있으며 톱니 끝은 2밀
리미터 정도의 바늘 모양이다.

열매

견과(도토리)는 열매를 맺은 이듬해
가을에 성숙한다. 지름 2센티미터
정도의 구형으로 하부는 주발 모
양의 각두에 싸여 있다. 각두에는
선형의 비늘 조각이 붙어 있다.

줄기껍질

수피는 회갈색이며 두꺼운 코르
크 상태다. 세로로 불규칙하게 홈
이 파이듯 깊게 갈라져 있다. 졸참
나무보다 거친 인상을 준다. 줄기
는 위로 곧게 자란다.

1 | 작살나무

2 | 통조화

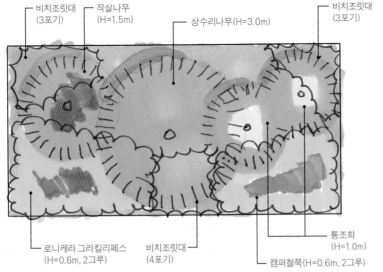

비치조릿대
(3포기) ── 작살나무
(H=1.5m) ── 상수리나무(H=3.0m) ── 비치조릿대
(3포기)

로니케라 그라킬리페스 ── 비치조릿대 ── 통조화
(H=0.6m, 2그루) (4포기) (H=1.0m)

캠퍼철쭉(H=0.6m, 2그루)

3 | 로니케라 그라킬리페스

4 | 캠퍼철쭉

5 | 국수나무

6 | 비치조릿대

[식재 방법]
야생 느낌이 나는 잡목림풍의 정원을 만든다

상수리나무는 간토 지역의 잡목림을 구성하는 대표적인 수목이다. 잎은 생김새가 밤나무와 비슷해서 구별하기가 매우 어렵다. 가을이 되면 단풍과는 다르게 잎의 색이 갈색으로 변하는데 가지에서 잘 떨어지지 않고 오랫동안 시든 채로 달려 있어 조금 황량한 인상을 준다. 상수리나무가 있는 정원은 졸참나무보다 더 야생의 느낌이 나는 잡목림풍으로 디자인한다. 무질서한 느낌의 정원을 만들려면 함께 심을 수종이나 수형도 불규칙적인 것으로 고른다.

상수리나무는 크게 자라기 때문에 거의 중앙에 다간 수형인 것을 배치한다. 중목으로는 가을에 자주색 열매가 달리는 작살나무나 봄에 노란 꽃이 송이 모양으로 달리는 통조화 등 화려하지는 않지만 열매나 꽃을 즐길 수 있는 수종을 심는다.

저목으로는 약간 흐트러진 수형이 되는 캠퍼철쭉, 로니케라 그라킬리페스, 국수나무 등을 심고 지피로는 비치조릿대 등의 조릿대 종류를 심는다.

1 작살나무
H=1.5m

2 통조화
H=1.0m

3 로니케라 그라킬리페스
H=0.6m

4 캠퍼철쭉
H=0.6m

5 국수나무
H=0.5m

6 비치조릿대

낙엽 활엽수

고목

중목

서부해당

Malus halliana

장미과 사과나무속

이명
할리아나꽃사과

수고
2.5m

수관폭
0.8m

흉고 둘레
— —

꽃 피는 시기
4월

열매 익는 시기
10~11월

식재 적기
2~3월 하순,
6월 하순~7월 중순

환경 특성

	중간	
일조	양달 ——┼—— 응달	
습도	건조 ———┼— 습윤	
온도	높음 ———┼— 낮음	

식재 가능
전국 대부분 지역

자연 분포
중국 원산

꽃

4월에 짧은 가지 끝에서 지름 3~
3.5센티미터의 담홍색 꽃 4~6개
가 아래로 늘어지면서 핀다. 꽃잎
은 5~10장이며 홑겹 혹은 반겹
이다.

아그배나무

이명은 삼엽매지나무. 홋카이도에
서 시코쿠에 걸쳐 분포하며 서늘
하고 습윤한 환경을 좋아한다. 서
부해당과 같은 속으로 5~6월경
에 흰 꽃을 여러 개 피운다.

해당

해당은 중국 원산으로 중국에는
서부해당 이외에도 여러 종류가
있다. 사진은 중국 텐진 수상 공원
에서 촬영한 것이다. 열매가 크다.

1 | **일본가막살나무**

2 | **붉은상록풍년화**

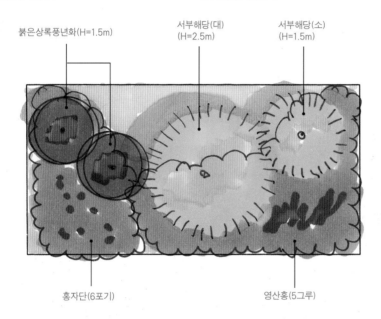

붉은상록풍년화(H=1.5m)

서부해당(대)
(H=2.5m)

서부해당(소)
(H=1.5m)

홍자단(6포기)

영산홍(5그루)

[식재 방법]
아담한 꽃나무를 좁은 공간에 활용한다

봄에 벚꽃과 비슷한 꽃을 피우는 서부해당은 1미터 정도일 때부터 수목 전체에 꽃을 피우기 때문에 좁은 공간에서도 유용하게 활용할 수 있는 꽃나무다. 서부해당은 줄기의 하부에서 가지가 갈라져 나오면서 어지럽게 수형이 형성된다. 그래서 1그루만 심기보다 다른 꽃나무와 조합하는 편이 좋다.

햇볕이 잘 드는 장소에 녹지를 확보하고 큰 서부해당과 작은 서부해당을 중심에서 약간 벗어난 곳에 심는다. 공간이 넓게 빈 쪽에는 붉은상록풍년화나 일본가막살나무를 똑같이 2그루 배치한다.

서부해당은 높이 자라지 않기 때문에 키가 작은 저목과 지피를 선택한다. 저목으로는 영산홍이나 꽃치자가, 지피로는 홍자단 등이 좋다.

3 | **영산홍**

4 | **애기말발도리**

5 | **꽃치자**

6 | **홍자단**

1 일본가막살나무
H=1.5m

2 붉은상록풍년화
H=1.5m

3 영산홍
H=0.3m

4 애기말발도리
H=0.3m

5 꽃치자
H=0.2m

6 홍자단

낙엽 활엽수

고목

중목

서어나무

Carpinus laxiflora

자작나무과 서어나무속

이명
서나무, 초식나무

수고
3.0m

수관폭
0.8m

흉고 둘레
다간 수형

꽃 피는 시기
5월

열매 익는 시기
10월

식재 적기
12~3월

환경 특성

	중간	
일조 | 양달	━━━━	응달
습도 | 건조	━━━━	습윤
온도 | 높음	━━━━	낮음

식재 가능 지역
중남부 지역

자연 분포
한국, 일본, 중국

개서어나무

자작나무과 서어나무속. 이명은 개서어나무, 좀서어나무. 생장이 빠르고 가지치기를 잘 견디지만 연해(煙害), 조해(潮害)에 조금 약하다. 나무껍질에서는 흰 빛을 띠는 세로 줄무늬가 눈에 띈다.

일본서어나무

자작나무과 서어나무속. 잎몸은 길이 5~10센티미터의 장타원형으로 개서어나무보다 잎이 가늘다. 나무껍질에는 지렁이 같은 모양이 있다.

까치박달

자작나무과 서어나무속. 이명은 물박달나무, 천금유, 박달서어나무. 일본서어나무보다 잎의 측맥이 작고 잎몸의 기부가 깊은 하트 모양이다. 습기가 있는 곳을 좋아한다.

1 | 작살나무

2 | 가막살나무

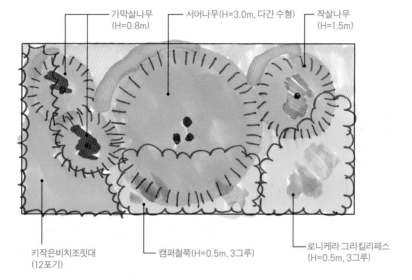

가막살나무
(H=0.8m)

서어나무(H=3.0m, 다간 수형)

작살나무
(H=1.5m)

키작은비치조릿대
(12포기)

캠퍼철쭉(H=0.5m, 3그루)

로니케라 그라킬리페스
(H=0.5m, 3그루)

[식재 방법]
잡목림 같은 분위기를 연출한다

서어나무와 개서어나무는 간토 지방의 잡목림을 구성하는 주요 수목으로 잡목림 같은 분위기의 정원을 만들고 싶을 때 없어서는 안 될 수종이다. 서어나무는 개서어나무에 비해 다소 온화하고 아담한 분위기가 난다. 작은 공간에 분위기를 만들고 싶다면 다간 수형인 것을 이용한다.

서어나무 1그루만 심지 말고 중목도 함께 심어서 잡목림의 느낌을 내 보자. 로니케라 그라킬리페스 말고도 따뜻한 지역이라면 상록수가 되는 캠퍼철쭉, 열매를 즐길 수 있는 작살나무나 가막살나무 등이 좋다. 잡목림은 거의 낙엽수로 구성되어 있기 때문에 잡목림 느낌의 정원을 만들 때는 중목과 저목도 낙엽수를 조합한다. 다만 낙엽수만 심으면 겨울에 녹색이 완전히 사라져 스산한 인상을 줄 수 있기 때문에 지피로는 겨울에도 녹색이 유지되는 조릿대 종류를 사용한다. 어느 정도 높이가 있는 지피를 원한다면 비치조릿대를, 반대로 높이를 낮게 억제하고 싶다면 키작은비치조릿대를 사용한다.

3 | 로니케라 그라킬리페스

4 | 캠퍼철쭉

5 | 비치조릿대

6 | 키작은비치조릿대

1 작살나무
H=1.5m

2 가막살나무
H=0.8m

3 로니케라 그라킬리페스
H=0.5m

4 캠퍼철쭉
H=0.5m

5 비치조릿대

6 키작은비치조릿대

낙 엽 활 엽 수

고목

중목

수양버들

Salix babylonica

버드나무과 버드나무속

이명
참수양버들, 수양

수고
3.0m

수관폭
0.8m

흉고 둘레
12cm

꽃 피는 시기
3~4월

열매 익는 시기
없음

식재 적기
12~3월

환경 특성

중간		
일조 양달		응달
습도 건조		습윤
온도 높음		낮음

식재 가능
전국 대부분 지역

자연 분포
중국 원산

잎

아래로 처진 가지에 길이 8~13센 티미터의 길쭉한 잎이 어긋나기로 달린다. 잎 가장자리에는 얕고 작은 톱니가 있다. 어린잎은 가장자리가 말리지 않는다. 뒷면은 녹회백색이며 털은 없다.

호랑버들

홋카이도~혼슈 긴키 이북, 시코쿠에 분포한다. 잎의 길이가 8~13센티미터로 '버드나무는 잎이 가늘고 아래로 처져 있다'라고 생각하던 사람은 그 차이에 놀라게 된다.

개키버들

야산에 자생하는 버드나무. 소형 버드나무여서 정원수로는 중목으로 이용한다. 수양버들처럼 가지가 아래로 처지지 않는다. 잎이 나오기 전인 3월경에 꽃이 핀다.

1 | 싸리

2 | 꽃댕강나무

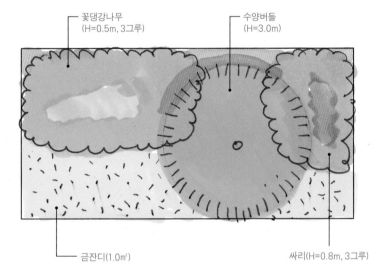

꽃댕강나무
(H=0.5m, 3그루)

수양버들
(H=3.0m)

금잔디(1.0㎡)

싸리(H=0.8m, 3그루)

[식재 방법]
동양적인 수목으로 현대적인 공간을 연출한다

수양버들은 물가를 좋아하지만 강인한 까닭에 가로수로도 많이 사용된다. 추위가 심해질 무렵 낙엽이 지지만 따뜻해지면 금방 새순이 돋기 때문에 거의 상록수처럼 다룰 수 있다. 수양버들은 빠르게 생장하지만 가지치기를 잘 견디기에 적당한 크기로 다듬을 수 있다. 싸리 등 동양적인 인상이 강한 수목과 조합하기에 좋지만 현대적인 서양식 공간을 연출할 수도 있다.

수양버들은 햇볕이 잘 들고 바람이 그다지 강하지 않은 녹지가 적합하다. 식재 공간을 1:2로 나눈 위치에 수양버들을 배치한다. 밑가지가 아래로 처지기 때문에 중목 등은 심지 않는 편이 좋다. 낮게 퍼지는 잔디류를 중심으로 아래를 덮고, 가지가 닿지 않는 곳에 가지 끝이 아래로 처지는 꽃댕강나무나 싸리, 히페리쿰 모노기눔, 가는잎조팝나무 등을 배치한다.

3 | 히페리쿰 모노기눔

4 | 가는잎조팝나무

5 | 금잔디

6 | 아욱메풀

1 싸리
H=0.8m

2 꽃댕강나무
H=0.5m

3 히페리쿰 모노기눔
H=0.5m

4 가는잎조팝나무
H=0.5m

5 금잔디

6 아욱메풀

고목

중목

낙엽 활엽수

오리나무

Alnus japonica

자작나무과 오리나무속

이명
오리목

수고
3.0m

수관폭
1.8m

흉고 둘레
10cm

꽃 피는 시기
2~4월

열매 익는 시기
10~11월

식재 적기
10월 중순~12월, 2~4월

환경 특성

	중간	
일조	양달 —┼———	응달
습도	건조 ———┼—	습윤
온도	높음 ——┼——	낮음

식재 가능
전국 대부분 지역

자연 분포
한국, 중국, 일본, 타이완

꽃(수꽃차례)

암수한그루. 잎이 나기 전에 개화한다. 수꽃차례는 길이 4~7센티미터로 자루가 있으며 가지 끝에 2~5개가 매달리듯 달린다. 암꽃차례는 수꽃차례의 아래에 1~5개가 달린다.

일본오리나무

혼슈 중부 지방, 야마가타 현~후쿠이 현의 동해 방면에 분포하며 추운 지역의 붕괴지나 저습지 주변에 많다. 잎 끝이 움푹 들어가 있다.

사방오리나무

햇볕이 잘 드는 산지에 자생한다. 물기가 있는 장소에는 적합하지 않다. 척박한 땅에서도 자생하기 때문에 산지의 녹화(綠化)에 사용된다. 열매는 흑색 염료로 사용된다.

1 | 개키버들

2 | 단풍철쭉

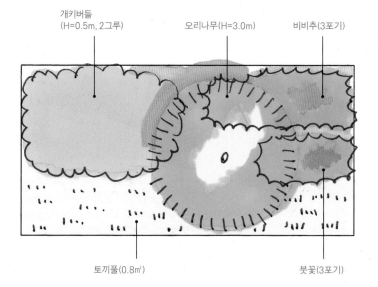

개키버들
(H=0.5m, 2그루)

오리나무(H=3.0m)

비비추(3포기)

토끼풀(0.8㎡)

붓꽃(3포기)

[식재 방법]
배수가 잘 안 되는 척박한 땅에 녹색의 정원을 만든다

습지나 늪지에 자생하는 오리나무는 배수가 잘 안 되는 땅이나 매립지, 수로에 둘러싸여 지하수위가 높은 장소에 심을 수 있는 얼마 안 되는 수목 중 하나다. 공중 질소 고정 능력이 있어 척박한 땅에서도 생육이 가능하다.

이처럼 배수가 잘 안 되는 장소이면서 햇볕이 잘 드는 곳에 심을 수 있는 수종은 버드나무류 정도를 제외하면 거의 없다. 비드나무류도 심는 위치를 높이거나 뿌리가 호흡하기 쉬운 환경을 만들 필요가 있다.

햇볕이 잘 드는 녹지를 1:2로 나눈 위치에 오리나무를 심는다. 공간이 넓게 빈 쪽에는 개키버들이나 단풍철쭉을 심는다. 피지로는 척박한 땅도 넓게 뒤덮을 수 있는 콩과의 토끼풀이나 자운영이 좋다. 곳곳에 구근식물인 붓꽃이나 여러해살이풀인 비비추, 부처꽃을 심으면 계절감을 연출할 수 있다.

3 | 붓꽃

4 | 비비추

5 | 부처꽃

6 | 토끼풀

1 개키버들
  H=0.5m

2 단풍철쭉
  H=0.5m

3 붓꽃

4 비비추

5 부처꽃

6 토끼풀

고목

중목

왕가래나무

Juglans mandshurica Maxim. var. sachalinensis

가래나무과 가래나무속

이명
털호도나무, 산호두나무,
섬가래나무

수고
3.0m

수관폭
1.0m

흉고 둘레
15cm

꽃 피는 시기
5~6월

열매 익는 시기
10월

식재 적기
12~3월

환경 특성

	중간	
일조	양달 ━━┿━━ 응달	
습도	건조 ━━━┿━ 습윤	
온도	높음 ━━━┿━ 낮음	

식재 가능
전국 대부분 지역

자연 분포
한국(중부 이북), 중국,
시베리아

잎

커다란 날개를 방불케 하는 기수
우상복엽이며 어긋나기로 달린다.
작은 잎의 잎몸은 길이 7~12센티
미터의 난상장타원형으로 앞면에
는 털이 없지만 뒷면에는 별 모양
털(성상모)이 많이 나 있다.

열매

핵과 모양의 견과. 길이 3~4센티
미터의 난구형이며 비대해져 육질
이 된 꽃받침이 견과의 바깥쪽을
덮고 있다. 그 꽃받침을 벗기면 나
오는 종자는 먹을 수 있다.

개굴피나무

같은 가래나무과이지만, 이쪽은
개굴피나무속으로 속이 다르다.
열매는 먹을 수 없다. 10월경에 날
개가 있는 견과가 사슬 모양으로
달린다.

1 | 블루베리

2 | 보리수나무

[식재 방법]
수확할 수 있는 열매가 나는 나무를 모은다

왕가래나무는 작은 잎이 날개처럼 모인 잎(기수우상복엽)이 펼쳐지듯 달린다. 수형의 관상을 즐기기에는 딱히 좋은 편이 아니라서 왕가래나무를 중심목으로 삼는 정원은 나무 그늘을 즐기거나 열매를 수확하는 등 실용성을 고려해 디자인을 생각하는 편이 좋다. 여기에서는 '수확'을 키워드로 정원수를 선정하고 배치할 것이다.

왕가래나무는 정원의 거의 중심 부분에 배치한다. 햇볕이 잘 들고 건조하지 않은 장소가 적합하다. 가지가 옆으로 퍼지기 때문에 좁은 장소는 피한다.

중목으로는 꽃·열매·단풍 등 다양한 즐거움이 있는 블루베리 등을 추천한다.

저목으로는 보리수나무 종류나 앵도나무, 풀명자 등을 심으면 열매 수확의 즐거움이 늘어난다. 보리수나무 종류나 앵도나무, 풀명자는 햇볕을 좋아하기 때문에 나무 그늘을 만드는 왕가래나무 아래에는 배치하지 않도록 한다.

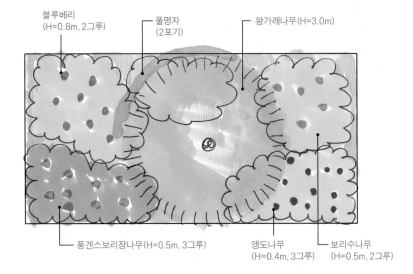

블루베리
(H=0.8m, 2그루)

풀명자
(2포기)

왕가래나무(H=3.0m)

풍겐스보리장나무(H=0.5m, 3그루)

앵도나무
(H=0.4m, 3그루)

보리수나무
(H=0.5m, 2그루)

3 | 뜰보리수나무

4 | 풍겐수보리장나무

5 | 앵도나무

6 | 풀명자

1 블루베리
H=0.8m

2 보리수나무
H=0.5m

3 뜰보리수나무
H=0.5m

4 풍겐스보리장나무
H=0.5m

5 앵도나무
H=0.4m

6 풀명자
H=0.2m

낙엽 활엽수

고목

이나무

Idesia polycarpa

중목

버드나무과 이나무속

이명
위나무, 팥피나무

수고
2.5m

수관폭
0.6m

흉고 둘레
ㅡㅡ

꽃 피는 시기
4~5월

열매 익는 시기
10~11월

식재 적기
12~3월

환경 특성

	중간	
일조	양달 ———┼——— 응달	
습도	건조 ———┼——— 습윤	
온도	높음 ———┼——— 낮음	

식재 가능
중부 이남

자연 분포
한국(내장산 이남), 일본, 중국

열매

10~11월에 1센티미터 정도의 액과가 빨갛게 익으며 꽃이 진 뒤에도 과실은 이듬해까지 남을 때가 많다. 포도송이처럼 가지에서 아래로 달린다.

벽오동

아욱과 벽오동속. 동남아시아 원산으로, 일본에서는 오키나와에 분포한다. 이나무와 달리 잎이 크고 갈라진 홈이 3~5개 있다. 과거에는 가로수로 자주 사용되었다.

헤르난디아

헤르난디아 헤르난디아속. 규슈 남부 이남에서 오키나와, 오가사와라 제도의 연안부에 분포한다. 해안의 방풍림으로 사용된다.

1 | **동청목**

2 | **낙상홍**

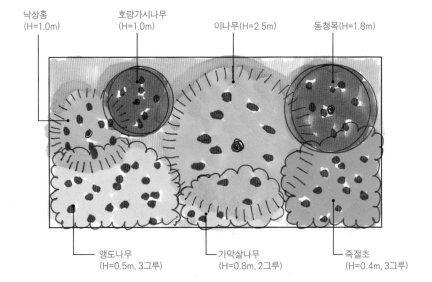

낙상홍
(H=1.0m)

호랑가시나무
(H=1.0m)

이나무(H=2.5m)

동청목(H=1.8m)

앵도나무
(H=0.5m, 3그루)

가막살나무
(H=0.8m, 2그루)

죽절초
(H=0.4m, 3그루)

3 | **호랑가시나무**

4 | **가막살나무**

5 | **앵도나무**

6 | **죽절초**

[식재 방법]
인상적인 열매를 2층에서 감상할 수 있는 정원

이나무는 혼슈 이남에 자생하는 낙엽 활엽수로 높이 15미터 정도까지 자란다. 밑가지가 거의 없어서 생장하면 하부는 줄기만 보이기 때문에 2층 이상의 방에서 즐기는 경치를 만들 때 사용한다. 이나무는 전방위로 가지를 넓게 펼쳐서 훌륭한 나무 그늘을 만들기 때문에 가지치기는 그다지 바람직하지 않다.

이나무의 가장 큰 특징은 커다란 잎이지만 가을에 송이 형태로 나는 열매도 인상적이기 때문에 이것을 디자인의 핵심으로 삼아 여기에 곁들일 수목을 고른다.

이나무를 녹지의 중심에서 약간 벗어난 위치에 심고 2~3미터 정도에서 수형이 잡히는 중목을 함께 심는다. 중목으로는 상록수인 동청목, 호랑가시나무, 낙엽수인 낙상홍, 가막살나무 등 열매의 인상이 강한 수종이 적합하다.

저목으로도 상록수인 죽절초, 낙엽수인 앵도나무 등을 고르면 빨간 열매가 이어져 디자인에 통일성이 생겨난다.

1 동청목
H=1.8m

2 낙상홍
H=1.0m

3 호랑가시나무
H=1.0m

4 가막살나무
H=0.8m

5 앵도나무
H=0.5m

6 죽절초
H=0.4m

낙엽 활엽수

고목

이팝나무

Chionanthus retusus

중목

물푸레나무과 이팝나무속

이명
니암나무, 뻣나무, 쌀밥나무

수고
2.5m

수관폭
0.7m

흉고 둘레
10cm

꽃 피는 시기
5~6월

열매 익는 시기
10월

식재 적기
1~3월

환경 특성

	중간	
일조	양달 ━━┼━━	응달
습도	건조 ━━━┼━	습윤
온도	높음 ┼━━━━	낮음

식재 가능
중부 이남

자연 분포
한국(중부 이남), 일본, 타이완, 중국

잎

길이 4~10센티미터의 장타원형 ~광란형. 어린 나무의 잎은 가장자리에 작은 톱니 또는 겹톱니가 있다.

꽃

암수딴그루지만 수꽃만 피는 그루와 양성화가 피는 그루가 있는 수꽃양성화딴그루다. 5월에 새 가지의 끝에서 원뿔꽃차례가 나오고 가는 꽃잎의 섬세한 흰 꽃이 모여 달린다.

딕슨송양나무

일본에서 이팝나무의 이명으로 사용되는 '난쟈몬쟈'는 본래 그 지역에서 볼 수 없는 진기한 수목을 가리키는 말이다. 지바 현에서는 아마쓰신메이 신사에 있는 딕슨송양나무를 '난쟈몬쟈'라고 불렀다.

1 | **일본고광나무**

2 | **병아리꽃나무**

솜사탕 같은 흰 꽃을 정원의 상징으로

이팝나무는 도카이 이서 지역에 자생하는 수목이지만 강인한 나무여서 간토 지방에서도 많이 사용된다. 5월에 흰 꽃이 피면 마치 눈에 덮인 것 같은 신비로운 분위기가 난다. 또한 하트 모양의 밝은 녹색 잎도 관상하기 좋다.

햇볕이 잘 닿는 녹지의 중심에 이팝나무를 배치한다. 옆으로 퍼지듯이 가지를 뻗기 때문에 중목으로는 그다지 부피감이 없고 이팝나무와 같은 시기에 흰 꽃을 피우는 일본고광나무나 병아리꽃나무를 좌우 대칭으로 심는다.

저목으로는 부드러운 이미지의 가는잎조팝나무나 공조팝나무, 노란 꽃을 피우는 망종화나 골담초를 앞쪽에 심어서 흰 꽃나무 정원의 강조점으로 삼는다.

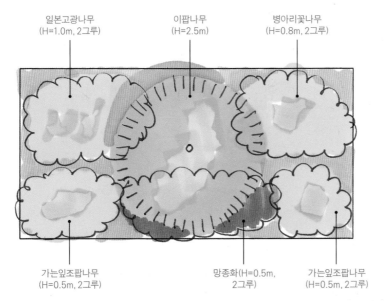

일본고광나무
(H=1.0m, 2그루)

이팝나무
(H=2.5m)

병아리꽃나무
(H=0.8m, 2그루)

가는잎조팝나무
(H=0.5m, 2그루)

망종화(H=0.5m,
2그루)

가는잎조팝나무
(H=0.5m, 2그루)

3 | **망종화**

4 | **공조팝나무**

6 | **가는잎조팝나무**

5 | **골담초**

1　일본고광나무
　　H=1.0m

2　병아리꽃나무
　　H=0.8m

3　망종화
　　H=0.5m

4　공조팝나무
　　H=0.5m

5　골담초
　　H=0.5m

6　가는잎조팝나무
　　H=0.5m

낙엽 활엽수

고목

중목

일본쇠물푸레나무

Fraxinus lanuginosa f. serrata

물푸레나무과 물푸레나무속

이명
ーー

수고
2.0m

수관폭
0.4m

흉고 둘레
다간 수형

꽃 피는 시기
4~5월

열매 익는 시기
10월

식재 적기
10~12월

환경 특성

	중간	
일조	양달 ━━┿━━ 응달	
습도	건조 ━━┿━━ 습윤	
온도	높음 ━━┿━━ 낮음	

식재 가능
중부 이남

자연 분포
한국(중부 이남), 일본

꽃

암수딴그루. 수꽃은 작은 가지 끝에서 원뿔꽃차례가 나오며 작고 흰 꽃이 여러 개 달린다. 그 밖에 흰 꽃잎이 두드러지는 물푸레나무속에는 쇠물푸레나무 등이 있다.

일본물푸레나무

일본쇠물푸레나무에 비하면 꽃은 수수하다. 일본 고유종으로 혼슈 중부 지방 이북에 분포한다. 목재는 야구 배트 등을 만드는 데 사용된다.

그리피스물푸레나무

오키나와에서 인도에 걸쳐 분포하는 상록 또는 반상록의 고목. 도쿄에서는 본래 실내용으로 이용되었지만 최근 정원수나 가로수로 사용되는 일이 많아졌다.

1 | 삼색싸리

2 | 참풀싸리

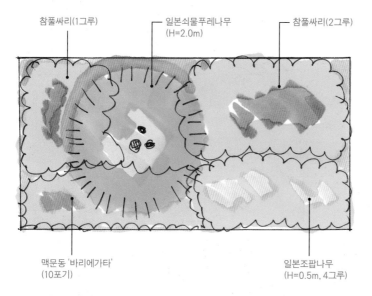

참풀싸리(1그루)　　　일본쇠물푸레나무　　　참풀싸리(2그루)
　　　　　　　　　　(H=2.0m)

맥문동 '바리에가타'　　　　　　　일본조팝나무
(10포기)　　　　　　　　　　　(H=0.5m, 4그루)

은은하게 밝은 고상한 분위기를 살린다

일본쇠물푸레나무는 야산에 자생하는 소형 낙엽 활엽수다. 최근에는 자연풍 정원을 만들 때의 아이템으로 사용되고 있다. 약간 연한 녹색의 잎이나 봄에 피는 작고 섬세한 흰 꽃은 그다지 개성이 강하지 않지만 고상한 분위기가 느껴진다. 그런 소박한 인상을 살리기 위해 함께 심을 수종 역시 잎이나 꽃의 색이 진하거나 부피가 있는 것은 피하고 고상한 분위기가 있는 것으로 통일한다.

일본쇠물푸레나무는 석양볕을 싫어하기 때문에 동쪽에서 남쪽에 걸친 녹지에 심어야 한다. 크기가 작기 때문에 저목이나 지피도 부피감이 그다지 느껴지지 않는 것을 선택한다.

저목으로는 참풀싸리, 삼색싸리, 일본조팝나무, 지피로는 맥문동 '바리에가타', 히페리쿰 칼리키눔, 길상초 등이 좋다.

3 | 일본조팝나무

4 | 길상초

5 | 히페리쿰 칼리키눔

6 | 맥문동 '바리에가타'

1　삼색싸리
　　H=0.8m

2　참풀싸리
　　H=0.8m

3　일본조팝나무
　　H=0.5m

4　길상초

5　히페리쿰 칼리키눔

6　맥문동 '바리에가타'

낙엽 활엽수

고목 ──────── 중목

일본피나무

Tilia japonica

아욱과 피나무속

이명
──

수고
2.5m

수관폭
0.7m

흉고 둘레
──

꽃 피는 시기
6~7월

열매 익는 시기
10월

식재 적기
12~3월

환경 특성
일조 | 양달 ──중간── 응달
습도 | 건조 ───── 습윤
온도 | 높음 ───── 낮음

식재 가능
전국 대부분 지역

자연 분포
중국 동부, 일본

꽃

6~7월에 잎겨드랑이에서 길이 5~8센티미터의 집산꽃차례가 나오며 지름 1센티미터 정도의 담황색 꽃이 10개 달린다. 향기가 좋고 양질의 벌꿀을 채취할 수 있다.

큰잎보제수나무

길이 7~13센티미터로 피나무속 중에서는 가장 큰 잎이 어긋나기로 달린다. 잎몸은 일그러진 하트 모양이며 가장자리에는 커다란 톱니가 있다.

유럽피나무

일본피나무의 근사종(近似種). 유럽과 미국 등지에서는 린덴바움이라는 이름으로 불리며 공원수나 가로수로 사용되고 있다. 꽃과 잎 등은 허브로 이용된다.

1 | 개박태기나무

2 | 생강나무

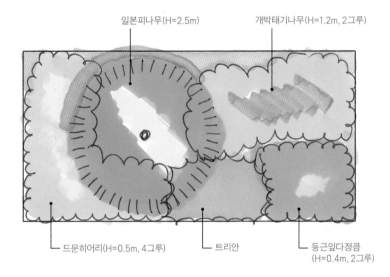

일본피나무(H=2.5m)

개박태기나무(H=1.2m, 2그루)

드문히어리(H=0.5m, 4그루)

트리안

둥근잎다정큼
(H=0.4m, 2그루)

3 | 드문히어리

4 | 참풀싸리

5 | 둥근잎다정큼

6 | 트리안

[식재 방법]
밝은 녹색과 하트 모양이 만들어내는 부드러운 인상의 정원

일본피나무는 잎이 하트 모양이고 잎의 색도 밝은 녹색이어서 보는 사람에게 부드러운 인상을 준다. 일본피나무를 중심목으로 정원을 만들 때는 이런 이미지를 부각시키도록 디자인한다.

중앙에서 조금 벗어난 위치에 일본피나무를 배치하고 중목으로는 둥근 잎을 가진 개박태기나무를 심는다. 서늘한 지역에서는 잎의 모양이 손바닥처럼 생긴 생강나무 등도 좋다. 개박태기나무는 가을에 빨간 단풍을 즐길 수 있고 생강나무는 봄에 향기 좋은 꽃을 즐길 수 있다.

저목과 지피도 둥근 잎을 가진 것을 고르도록 한다. 저목으로는 낙엽수인 드문히어리나 참풀싸리, 상록수인 둥근잎다정큼이 좋고 지피로는 덩굴성 식물인 트리안 등이 좋다.

참고로 일본피나무는 덥고 석양볕이 강한 곳을 좋아하지 않기 때문에 서향인 정원에서는 주의가 필요하다.

1 개박태기나무
H=1.2m

2 생강나무
H=1.0m

3 드문히어리
H=0.5m

4 참풀싸리
H=0.5m

5 둥근잎다정큼
H=0.4m

6 트리안

낙엽 활엽수

고목

자귀나무

중목

Albizia julibrissin

콩과 자귀나무속

이명
합환목, 합혼수, 야합수

수고
2.5m
(심을 때는 1.5m 이하)

수관폭
0.8m

흉고 둘레
12cm

꽃 피는 시기
6~7월

열매 익는 시기
10~12월

식재 적기
10~11월, 2~3월,
6월 하순~7월

환경 특성

	중간	
일조	양달 —┼— 응달	
습도	건조 —┼— 습윤	
온도	높음 —┼— 낮음	

식재 가능
중부 이남

자연 분포
한국(황해도 이남), 일본,
이란, 남아시아

꽃

6~7월에 가지 끝에서 담홍색 꽃
10~20개가 두상(頭狀)으로 모여
서 달린다. 꽃은 잎의 취면 운동을
거스르듯 저녁에 개화하며 이틀날
에는 오므라진다.

열매

과실의 꼬투리는 길이 10~15센
티미터의 장타원형으로 내부에
는 길이 10~15밀리미터의 타원
형 종자가 6~12개 들어 있다.
10~12월에 갈색으로 익는다.

미모사

남아메리카 원산. 감상용으로 재
배되고 있으며 원예상으로는 1년
초다. 밤이 되거나 자극을 받았을
때 재빨리 잎을 닫는 성질이 있다.

1 | 꽃댕강나무

2 | 망종화

우묵사스레피(3그루)   자귀나무(H=2.5m)   우묵사스레피(3그루)

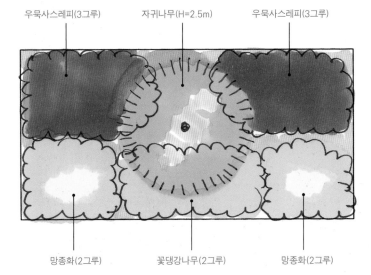

망종화(2그루)   꽃댕강나무(2그루)   망종화(2그루)

3 | 서향

4 | 우묵사스레피

5 | 사스레피나무

6 | 뽈남천

[식재 방법]

온화한 인상의 잎이 만들어내는 나무 그늘을 활용한다

자귀나무는 야산에 자생하는 콩과의 낙엽 활엽수다. 자귀나무 정원은 가지와 잎이 만들어내는 온화한 분위기의 나무 그늘을 즐길 수 있도록 디자인한다.

햇볕이 잘 드는 장소에 녹지를 확보하고 그 중심에 자귀나무를 심는다. 자귀나무는 옆으로 퍼지기 때문에 중목은 심지 않는다. 생장은 빠른 편이지만 생장하는 동안에도 정원을 즐길 수 있도록 여러 종류의 저목을 함께 심는다. 자귀나무가 아직 어릴 때는 아래쪽에도 햇볕이 잘 들지만 생장하면 점점 햇볕이 닿지 않기 때문에 응달에서도 잘 자라는 우묵사스레피, 사스레피나무, 꽃댕강나무, 망종화, 서향, 뽈남천 등을 심는다.

참고로 자귀나무는 폭신폭신해 보이는 신기한 모양의 관상하기 좋은 꽃을 피운다. 다만 나무 위쪽에 많이 달리기 때문에 꽃을 즐기려면 2~3층 정도의 높이에서 감상할 수 있는 환경이 필요하다.

1 꽃댕강나무
H=0.5m

2 망종화
H=0.5m

3 서향
H=0.5m

4 우묵사스레피
H=0.5m

5 사스레피나무
H=0.5m

6 뽈남천
H=0.5m

낙엽 활엽수

낙엽 활엽수

고목

중목

Betula platyphylla

자작나무

자작나무과 자작나무속

이명
백화, 황수, 황목피

수고
3.0m

수관폭
0.8m

흉고 둘레
10cm

꽃 피는 시기
4~5월

열매 익는 시기
9~10월

식재 적기
11~3월

환경 특성
	중간	
일조 : 양달	━━╋━━	응달
습도 : 건조	━━╋━━	습윤
온도 : 높음	━━━━╋	낮음

식재 가능
중부 지방

자연 분포
한국(중부 이북), 일본

잎

진한 녹색에 약간 광택이 있는 잎 몸은 길이 5~8센티미터의 삼각 상광란형이며 긴 가지에는 어긋나기로 달리고 짧은 가지에는 2장이 달린다. 잎 끝은 뾰족하며 잎 가장자리에는 겹톱니가 있다.

줄기껍질

흰색의 수피는 매끄럽고 광택이 있으며 내피는 담갈색이다. 옆으로 긴 선 모양의 껍질눈이 있고 종이처럼 얇게 벗겨진다. 수피는 세공물 등에 이용된다.

사스레나무

이명은 고채목. 홋카이도~시코쿠의 아고산대~고산대에 분포한다. 자작나무보다 표고가 높은 곳에서 자란다. 줄기껍질은 회적갈색이다.

1 | 싸리

2 | 일본고광나무

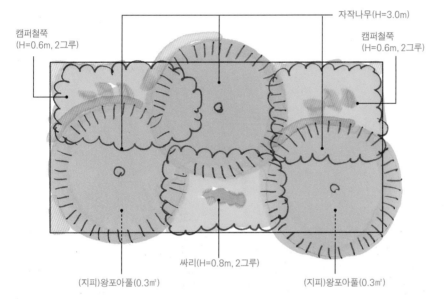

자작나무(H=3.0m)

캠퍼철쭉
(H=0.6m, 2그루)

캠퍼철쭉
(H=0.6m, 2그루)

싸리(H=0.8m, 2그루)

(지피)왕포아풀(0.3㎡)

(지피)왕포아풀(0.3㎡)

[식재 방법]
흰 줄기가 만들어내는 풍경을 활용해 고원의 상쾌한 숲을 만든다

자작나무는 고원 등 기후가 서늘한 지역을 좋아하는 수목이다. 햇볕을 좋아하지만 건조하기 쉬운 장소나 석양볕이 강한 장소에는 그다지 적합하지 않다. 생장은 좋지만 가지치기를 싫어한다.

자작나무를 중심목으로 사용한 정원의 포인트는 줄기가 만들어내는 풍경을 어떻게 디자인하느냐다. 자작나무의 줄기를 더욱 아름답게 보이려면 1그루만 심지 말고 여러 그루를 줄지어 심는다. 자작나무를 같은 간격으로 나란히 심지 말고 전후좌우가 모두 조금씩 어긋나도록 배치하면 자연림의 느낌을 줄 수 있다.

밑동 부분은 가급적 깔끔해 보이도록 잔디나 비치조릿대 등의 지피류를 중심으로 심는다. 분위기가 조금 쓸쓸하게 느껴진다면 고원의 상쾌한 이미지를 만들어 주는 저목인 캠퍼철쭉, 퍼진철쭉, 일본고광나무, 싸리 등을 곁들인다.

3 | 캠퍼철쭉

4 | 퍼진철쭉

5 | 비치조릿대

6 | 왕포아풀

1 싸리
H=0.8m

2 일본고광나무
H=0.8m

3 캠퍼철쭉
H=0.6m

4 퍼진철쭉 원형
H=0.6m

5 비치조릿대

6 왕포아풀

고목

중목

졸참나무

Quercus serrata

참나무과 참나무속

이명
굴밤나무, 가둑나무

수고
3.0m

수관폭
0.8m

흉고 둘레
다간 수형

꽃 피는 시기
4~5월

열매 익는 시기
10월 중순~11월

식재 적기
12~3월,
6월 하순~7월 중순

환경 특성
일조 양달 ├──┼──┤ 응달
습도 건조 ├──┼──┤ 습윤
온도 높음 ├──┼──┤ 낮음

식재 가능
전국 대부분 지역

자연 분포
한국, 일본, 중국

잎

잎은 자루가 있으며 어긋나기로 달린다. 길이 5~15센티미터의 도란형 또는 도란상장타원형으로 끝이 뾰족하고 기부는 쐐기 모양 또는 원형이다. 잎 가장자리에는 날카로운 톱니가 있다.

열매

과실은 1.5~2센티미터의 원주상 타원형(圓柱狀楕圓形)이다. 하부는 작은 비늘 조각 모양의 총포편이 기와처럼 빽빽하게 붙어 있는 각두로 덮여 있다.

물참나무

참나무과 참나무속. 이명은 소리나무, 물가리나무. 너도밤나무와 함께 일본의 온대수림을 대표하는 수목이다. 졸참나무와 달리 잎에 자루가 없으며, 졸참나무보다 잎이 크다.

1 | 리오니아 오발리폴리아 엘립티카

2 | 작살나무

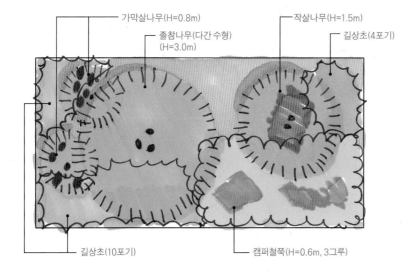

가막살나무(H=0.8m)

졸참나무(다간 수형)
(H=3.0m)

작살나무(H=1.5m)

길상초(4포기)

길상초(10포기)

캠퍼철쭉(H=0.6m, 3그루)

3 | 일본가막살나무

4 | 가막살나무

5 | 캠퍼철쭉

6 | 길상초

[식재 방법]
다간 수형을 이용해 운치 있는 잡목 정원을 완성한다

졸참나무는 잡목 느낌의 정원을 만들고 싶을 때 자주 사용되는 수종 중 하나다. 잎은 녹색에 톱니가 나 있는 개성적인 모습이며 봄에는 상쾌한 인상을 주는 밝은 녹색의 새잎이 난다. 또한 은백색의 깊은 세로 균열이 있는 줄기껍질은 깊은 맛이 있으며 가을에는 도토리를 수확할 수 있는 등 다양한 방법으로 즐길 수 있다.

졸참나무는 다간 수형을 사용하는 편이 정원수로서 운치가 있다. 자라면서 굵어지기 때문에 줄기가 2~3개 정도인 것을 고른다. 밝은 잡목림을 콘셉트로 삼아 낙엽수를 중목과 저목으로 조합하면서 식재를 디자인한다.

중·저목으로는 낙엽수인 작살나무나 리오니아 오발리폴리아 엘립티카, 일본가막살나무, 가막살나무를 배치한다. 가막살나무는 가을에 단풍과 열매를 골고루 즐길 수 있다.

저목으로는 원예종이 아니라 야생적인 인상이 강한 캠퍼철쭉이나 퍼진철쭉을 곁들인다. 지피로는 길상초를 심는다.

1 리오니아 오발리폴리아 엘립티카
H=1.5m

2 작살나무
H=1.5m

3 일본가막살나무
H=1.2m

4 가막살나무
H=0.8m

5 캠퍼철쭉
H=0.6m

6 길상초

낙엽 활엽수

고목 ─────── 저목

Acer buergerianum

중국단풍나무

무환자나무과 단풍나무속

이명
당단풍나무, 세뿔단풍

수고
2.5m

수관폭
0.5m

흉고 둘레
─ ─

꽃 피는 시기
4~5월

열매 익는 시기
10~11월

식재 적기
11~1월

환경 특성

	중간	
일조 | 양달	─────┼─────	응달
습도 | 건조	─────┼─────	습윤
온도 | 높음	─────┼─────	낮음

식재 가능
전국 대부분 지역

자연 분포
중국 · 타이완 원산

줄기껍질

연한 갈색을 띤다. 세로로 갈라진 틈이 있으며 길쭉한 직사각형으로 불규칙하게 떨어진다. 최종적으로는 수고가 20미터 정도에 이를 만큼 기세 좋게 자란다.

중국단풍나무 '하나치루사토'

잎의 색이 분홍색→크림색→녹색→붉은색으로 변화하는 원예품종이다. 중국단풍나무에 비해 강인함은 조금 떨어진다.

풍나무

중국 원산. 중국단풍나무와 비슷하게 생겼지만 알팅기아과 풍나무속으로 전혀 다른 종이다. 사진은 가을의 단풍 시즌에 촬영한 것으로 따뜻한 지역에서도 아름답게 단풍이 든다.

1 | 협죽도

2 | 일본산철쭉

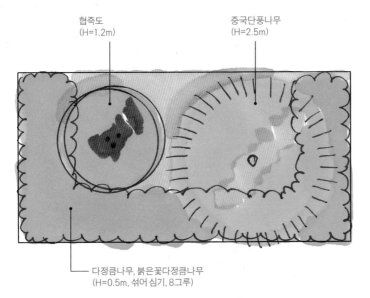

협죽도
(H=1.2m)

중국단풍나무
(H=2.5m)

다정큼나무, 붉은꽃다정큼나무
(H=0.5m, 섞어 심기, 8그루)

3 | 다정큼나무

4 | 붉은꽃다정큼나무

5 | 돈나무

6 | 우묵사스레피

[식재 방법]
석양볕을 차단해
주는 단풍나무 정원

중국단풍나무는 이름에 '단풍나무'가 들어가지만 일본의 단풍나무류와 달리 건조한 환경이나 햇볕, 바닷바람, 대기 오염에도 잘 견디는 강인한 수목이다. 그래서 가로수 등으로 많이 사용되고 있다.

생장이 매우 빠르지만 심한 깎아 다듬기도 잘 견뎌내기 때문에 좁은 공간에서도 이용이 가능하다. 석양볕을 충분히 견디기 때문에 햇볕이 강한 서쪽의 개구부 앞에 심으면 석양볕을 차단하는 스크린 역할을 기대할 수 있다.

중앙에서 벗어난 곳에 중국단풍나무를 배치하고 공간이 크게 빈 쪽에 중목인 협죽도를 심는다. 협죽도 석양볕과 대기 오염에 강한 수목이다.

저목으로 석양볕과 대기 오염에 강한 다정큼나무나 돈나무, 우묵사스레피, 꽃을 즐길 수 있는 일본산철쭉을 심는다. 붉은색 꽃을 피우는 붉은꽃다정큼나무를 섞어서 심으면 다채로움이 한층 강화된다.

1 협죽도
　H=1.2m

2 일본산철쭉
　H=0.5m

3 다정큼나무
　H=0.5m

4 붉은꽃다정큼나무
　H=0.5m

5 돈나무
　H=0.5m

6 우묵사스레피
　H=0.5m

낙엽 활엽수

고목

쥐똥나무

Ligustrum obtusifólium

중목

물푸레나무과 쥐똥나무속

이명
검정알나무, 털광나무

수고
1.2m

수관폭
0.4m

흉고 둘레
――

꽃 피는 시기
5~6월

열매 익는 시기
10~12월

식재 적기
11월 하순~3월

환경 특성

	중간	
일조 | 양달	―――┼―――	응달
습도 | 건조	――┼――	습윤
온도 | 높음	――┼――	낮음

식재 가능
전국 대부분 지역

자연 분포
한국(황해도 이남), 일본

꽃

5~6월에 새 가지의 끝에 길이 2~4센티미터의 총상꽃차례가 나오며 작고 흰 꽃이 달린다. 꽃부리는 길이 7~9밀리미터의 통상누두형(筒狀漏斗形)이며 끝은 4갈래로 갈라진다.

무늬중국쥐똥나무

서양쥐똥나무의 원예종. 잎의 하얀 테두리가 1년 내내 아름답다. 반상록수이기 때문에 추운 지역에서는 겨울에 낙엽이 진다.

무늬중국쥐똥나무의 줄지어 심기

맹아력이 강해서 깎아 다듬기를 잘 견딘다. 또한 작은 가지가 빽빽하게 달리기 때문에 생울타리로 자주 사용된다. 연해, 조해에 내성이 있고 병충해에도 강하다.

1 | 일본조팝나무

2 | 꼬리조팝나무

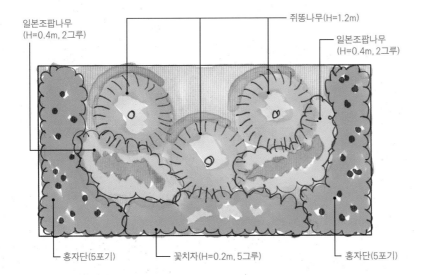

일본조팝나무
(H=0.4m, 2그루)

쥐똥나무(H=1.2m)

일본조팝나무
(H=0.4m, 2그루)

홍자단(5포기)

꽃치자(H=0.2m, 5그루)

홍자단(5포기)

[식재 방법]

답답한 느낌이 없는 온화한 녹색 경계를 만든다

쥐똥나무는 야산에 자생하는 낙엽 저목이다. 가지치기에 강해 생울타리로도 많이 이용한다. 잎이 가늘고 가지가 방사형으로 쭉쭉 뻗기 때문에 1그루만 심으면 인상이 약해진다. 3그루 정도를 함께 심어서 부피감을 내자.

일조 조건이 나쁘면 잎이나 꽃이 빽빽하게 달리지 않아 부피감이 나지 않으므로 가급적 햇볕이 잘 드는 곳에 심는다.

함께 심을 저목과 지피는 쥐똥나무의 인상을 방해하지 않는 것으로 고른다. 수고가 낮고 부드러운 인상을 주는 저목으로는 낙엽 활엽수인 일본조팝나무나 꼬리조팝나무, 애기말발도리, 꽃댕강나무, 상록수인 꽃치자 등이 있다.

지면을 기어가듯이 생장하는 홍자단을 심으면 가을에 빨간 꽃을 즐길 수 있다.

3 | 꽃댕강나무

4 | 애기말발도리

5 | 홍자단

6 | 꽃치자

1 일본조팝나무
H=0.4m

2 꼬리조팝나무
H=0.4m

3 꽃댕강나무
H=0.4m

4 애기말발도리
H=0.3m

5 홍자단
H=0.2m

6 꽃치자
H=0.2m

낙엽 활엽수

고목 | 중목

참느릅나무

Ulmus parvifolia

느릅나무과 느릅나무속

이명
누룩낭, 둥근참느릅나무,
좀참느릅나무

수고
2.5m

수관폭
0.8m

흉고 둘레
— —

꽃 피는 시기
9~10월

열매 익는 시기
12월

식재 적기
12~3월

환경 특성
	중간	
일조	양달 ——┼—— 응달
습도	건조 ———┼ 습윤
온도	높음 ——┼— 낮음

식재 가능
중남부 지역

자연 분포
한국, 일본, 타이완, 중국

잎

낙엽수지만 두께가 있고 진한 녹색에 가죽질이며 광택이 있다. 잎몸은 2.5~5센티미터의 장타원형이다. 끝은 날카롭고 잎 가장자리에는 무딘 톱니가 있다.

느릅나무

느릅나무과 느릅나무속. 이명은 흑느릅나무, 뚝나무. 추운 지역에서 잘 자라서 홋카이도에서는 가로수로 사용되고 있다.

글라브라느릅

유럽, 서아시아 원산의 낙엽수. 이명은 울무스 글라브라다. 유럽에서는 가로수나 공원수로 이용된다.

1 | 부용

2 | 무궁화

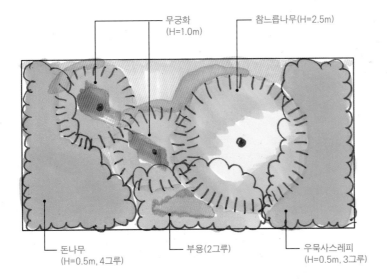

무궁화
(H=1.0m)

참느릅나무(H=2.5m)

돈나무
(H=0.5m, 4그루)

부용(2그루)

우묵사스레피
(H=0.5m, 3그루)

3 | 돈나무

4 | 우묵사스레피

5 | 맥문동 '바리에가타'

6 | 흰줄무늬맥문아재비

[식재 방법]
나무 그늘 아래에서 여름에 피는 꽃을 즐기는 정원으로 만든다

참느릅나무는 낙엽 활엽수 중에서도 잎이 두껍고 바닷바람이나 햇볕에 강한 편이다. 부드러운 인상을 주는 나무지만 건조에 강해 가로수로도 많이 이용된다.

이런 특징을 이용해 햇볕이 세고 석양볕도 강한 부지에서 이용하면 좋다. 여름에 꽃을 피우는 무궁화나 배롱나무와 조합해 나무 그늘 아래에서 여름의 꽃을 즐길 수 있는 정원으로 만들어 보자.

중심에서 자라는 중심 줄기는 똑바로 자라는 경우가 적고 약간 비스듬하게 자란다. 식재를 배치할 때는 중심으로부터 살짝 벗어난 위치에 참느릅나무를 심고 넓게 빈 공간에 무궁화나 배롱나무를 심도록 한다.

저목은 상록수인 돈나무나 우묵사스레피를 중심으로 풍성하게 자라는 부용을 심는다. 지피로는 맥문동 '바리에가타'나 흰줄무늬맥문아재비를 심으면 산뜻해진다.

참느릅나무는 생장이 그다지 빠르지 않기 때문에 공간이 좁을 때는 중목을 심지 말고 저목만으로 구성하는 편이 좋다.

1 부용
H=1.0m

2 무궁화
H=1.0m

3 돈나무
H=0.5m

4 우묵사스레피
H=0.5m

5 맥문동 '바리에가타'

6 흰줄무늬맥문아재비

낙엽 활엽수

고목

중목

참빗살나무

Euonymus sieboldianus

노박덩굴과 화살나무속

이명
물뿌리나무

수고
2.0m

수관폭
0.8m

흉고 둘레
– –

꽃 피는 시기
5~7월 중순

열매 익는 시기
11~12월 중순

식재 적기
12~3월

환경 특성

	중간	
일조 | 양달		응달
습도 | 건조		습윤
온도 | 높음		낮음

식재 가능
전국 대부분 지역

자연 분포
한국, 일본, 중국

열매

삭과(蒴果). 지름 1센티미터 정도의 역삼각형으로 4개의 능선이 있으며 10~11월에 담홍색으로 익는다. 익으면 4갈래로 갈라지면서 등적색의 가종피에 감싸인 종자가 얼굴을 내민다.

회잎나무

노박덩굴과 화살나무속. 산지에 자생하는 낙엽 저목. 화살나무와 가까운 변이종으로 가지에 코르크질의 날개가 없다.

나래회나무

노박덩굴과 화살나무속. 홋카이도~시코쿠의 표고가 조금 높은 산지의 나무숲에 자생한다. 참빗살나무처럼 아래로 늘어지는 열매에 날개가 4개 있는 것이 특징이다.

1 | 낙상홍

2 | 일본가막살나무

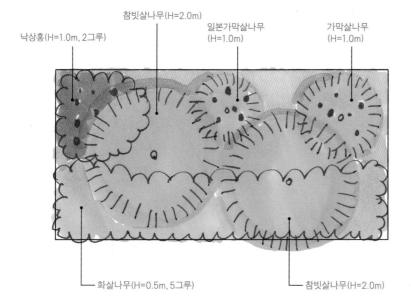

참빗살나무(H=2.0m)

낙상홍(H=1.0m, 2그루)

일본가막살나무
(H=1.0m)

가막살나무
(H=1.0m)

화살나무(H=0.5m, 5그루)

참빗살나무(H=2.0m)

3 | 가막살나무

4 | 화살나무

5 | 앵도나무

6 | 홍자단

[식재 방법]
빨간 열매가 달리는 수목들로 가을의 풍경을 만든다

참빗살나무의 매력 중 하나는 가을에 달리는 수많은 빨간색 열매다. 다양한 수목에 빨간 열매가 달린 모습은 그야말로 가을의 풍경이라 할 수 있다.

야생의 느낌이 물씬 풍기는 수형으로 곧게 뻗지 않고 조금은 자유분방하게 자라기 때문에 깔끔한 인상의 녹지에는 어울리지 않는다. 또한 배경이 없으면 너무 잡다한 느낌이 되기 때문에 울타리나 생울타리 등으로 배경을 만드는 편이 좋다.

참빗살나무는 1그루만 심기보다 여러 그루를 함께 심는 편이 안정되어 보인다. 옆으로 자유분방하게 퍼지기 때문에 함께 심을 수종으로는 저목 중에서 인상적인 빨간 열매가 달리는 것을 선택한다.

참빗살나무 2그루를 중앙에서 약간 벗어난 위치에 배치하고 공간이 빈 쪽에는 가막살나무를, 참빗살나무의 앞쪽에는 화살나무나 앵도나무를, 뒤쪽에는 일본가막살나무나 낙상홍을 각각 심는다. 지피로는 상록수인 홍자단을 사용해서 겨울철에도 녹색이 있는 정원을 만든다.

1 낙상홍
　H=1.0m

2 일본가막살나무
　H=1.0m

3 가막살나무
　H=1.0m

4 화살나무
　H=0.5m

5 앵도나무
　H=0.5m

6 홍자단

낙엽 활엽수

고목

중목

참오동나무

Paulownia tomentosa

오동나무과 오동나무속

이명
머귀나무

수고
2.0m

수관폭
0.4m

흉고 둘레
－－

꽃 피는 시기
5~6월

열매 익는 시기
10~11월

식재 적기
1~3월
※ 새로 심기는 가능하지만
옮겨심기는 불가능

환경 특성

	중간	
일조 ┃ 양달	┼	응달
습도 ┃ 건조	┼	습윤
온도 ┃ 높음	┼	낮음

식재 가능
전국 대부분 지역

자연 분포
중국 중부 원산

잎

잎몸은 길이 10~20센티미터의 광란형이며 마주나기로 달린다. 잎 가장자리는 밋밋하거나 3~5갈래로 얕게 갈라져 있다. 잎자루가 길고 잎의 양면에 끈기 있는 털이 빽빽하게 나 있다.

꽃

5~6월에 가지 끝에 커다란 원뿔 꽃차례가 직립하며 길이 5센티미터 정도의 자주색 꽃이 여러 개 달린다. 꽃부리는 통상종형(筒狀鐘形)으로 끝이 입술 모양으로 갈라진다.

이나무

참오동나무와 수형이 비슷하지만 버드나무과 이나무속으로 별개의 종이다. 오동나무와 비슷하게 생겼다고 해서 산오동이라고도 부른다.

1 | **초피나무**

2 | **흰말채나무**

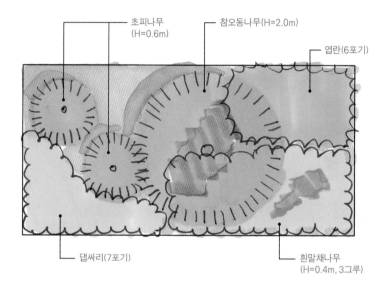

초피나무
(H=0.6m)

참오동나무(H=2.0m)

엽란(6포기)

댑싸리(7포기)

흰말채나무
(H=0.4m, 3그루)

3 | **댑싸리**

4 | **엽란**

5 | **비치조릿대**

6 | **소스랑남천**

[식재 방법]

개성적인 잎과 꽃을 활용한다

참오동나무는 자주색 꽃이 피는 특징이 있는 수목이다. 커다란 손바닥 모양의 이파리와 순식간에 생장하는 모습이 맞물려 열대적인 분위기를 연출하기도 한다.

참오동나무는 햇볕이 잘 드는 장소를 좋아한다. 또한 둥글게 옆으로 퍼지는 수형이어서 약간 넓은 공간이 필요하다.

함께 심을 저목이나 지피도 가지와 잎이 개성적인 수종을 선택한다. 붉은 가지가 장식과도 같은 인상을 주는 흰말채나무, 가는 잎을 식용으로도 사용할 수 있는 초피나무, 단풍이 아름답고 열매를 먹을 수 있는 댑싸리, 진한 녹색의 커다란 잎을 가졌고 요리 등에도 이용할 수 있는 엽란이나 비치조릿대, 잎의 색이 다채로운 소스랑남천 등을 추천한다.

흰말채나무는 인상이 강하기 때문에 여러 그루를 심는다. 초피나무는 생장이 매우 느리기 때문에 장래에 참오동나무를 다른 수목으로 바꿔 심더라도 지장이 없을 장소에 심는다.

1 초피나무
H=0.6m

2 흰말채나무
H=0.4m

3 댑싸리

4 엽란

5 비치조릿대

6 소스랑남천

고목

중목

낙엽 활엽수

참회나무

Euonymus oxyphyllus

노박덩굴과 화살나무속

이명
노랑회나무, 회똥나무

수고
2.0m

수관폭
0.6m

흉고 둘레

꽃 피는 시기
5~6월

열매 익는 시기
9월 중순~10월

식재 적기
11~3월

환경 특성

	중간	
일조	양달 ————————	응달
습도	건조 ————————	습윤
온도	높음 ————————	낮음

식재 가능
전국 대부분 지역

자연 분포
한국, 일본, 중국

꽃

5~6월에 잎겨드랑이에서 집산 꽃차례가 나와 아래로 처지며 녹백색 또는 담자색의 꽃이 몇 개~30개 정도 달린다. 꽃은 지름 8밀리미터 정도로 황록색의 화반이 눈에 띈다.

열매

지름 1센티미터의 구형으로 9~10월에 붉은색으로 익는다. 5~8센티미터 정도의 열매꼭지에 매달린 둥근 열매가 5갈래로 갈라지면 빨간색의 가종피(헛씨껍질)가 있는 종자가 나온다.

회나무의 열매

참회나무보다 잎도 수형도 약간 크다. 열매가 터진 모습이 매실처럼 되는 것이 특징이다. 참회나무보다 깊은 산속의 추운 지역에서 자생한다.

1 | 서양석남화

2 | 본석남화

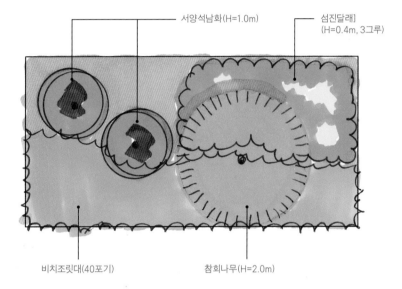

서양석남화(H=1.0m)

섬진달래]
(H=0.4m, 3그루)

비치조릿대(40포기)

참회나무(H=2.0m)

작은 정원에 야산의 풍경을 만든다

참회나무는 야산에 자생하는 낙엽 활엽수다. 꽃은 수수하지만 가을에 빨갛게 익는 열매는 끈으로 매단 방울처럼 생겨서 보는 맛이 있다. 아담하고 둥글해지는 수형은 좁은 공간에 야생의 느낌이 가득한 자연풍 정원을 만들 때 매우 유용하다.

참회나무는 심한 더위와 석양볕을 싫어하며 약간은 습한 곳을 좋아하기 때문에 동쪽이나 중앙 정원 같은 곳에 심는다. 정원의 공간을 1:2 정도로 나눈 위치에 배치하고 공간이 크게 빈 쪽에는 크게 자라더라도 1.2미터 정도에 그치는 석남화류를 배치한다.

참회나무는 가지가 옆으로 퍼지기 때문에 근처에 심을 수목은 저목을 사용한다. 낙엽수만 심으면 겨울철에 쓸쓸한 느낌의 정원이 되기 쉽기 때문에 상록수를 저목으로 선택한다. 상록수이고 노란 꽃을 피우는 섬진달래나 캠퍼철쭉 등이 좋다. 지피로는 비치조릿대나 아구세를 사용하면 산속의 밝은 숲 같은 느낌이 된다.

3 | 캠퍼철쭉

4 | 섬진달래

5 | 아구세

6 | 비치조릿대

1 서양석남화
H=1.0m

2 본석남화
H=1.0m

3 캠퍼철쭉
H=0.5m

4 섬진달래
H=0.4m

5 아구세

6 비치조릿대

낙엽 활엽수

고목

중목

층층나무

Cornus controversa

층층나무과 층층나무속

이명
계단나무, 꺼그렁나무

수고
2.5m

수관폭
1.0m

흉고 둘레
– –

꽃 피는 시기
5~6월

열매 익는 시기
6~10월

식재 적기
12~2월

환경 특성
	중간	
일조 양달	—┼—	응달
습도 건조	—┼—	습윤
온도 높음	—┼—	낮음

식재 가능
전국 대부분 지역

자연 분포
한국, 일본, 중국

꽃

5~6월에 가지 끝에서 산방꽃차
례가 나오며 작고 흰 꽃이 빽빽하
게 달린다. 꽃잎은 길이 5~6밀리
미터의 장타원형으로 4장이며 활
짝 열린다.

열매

핵과. 지름 6~7밀리미터의 구형
으로 6~10월에 빨간색에서 흑자
색으로 익는다. 과실이 익을 무렵
꽃차례의 가지도 빨개진다. 새가
즐겨 먹는다.

꽃산딸나무

북아메리카 원산으로 메이지 시대
에 일본에 유입되었다. 크게 자라
지 않기 때문에 정원수로 적합하
지만 건조와 강한 햇볕, 더위에 약
하다(106페이지 참조).

1 | 나무수국

2 | 산수국

[식재 방법]
야산에 자생하는 꽃나무로 만드는 잡목 정원

층층나무는 가로수로 많이 사용되는 꽃산딸나무와 같은 속이지만 꽃산딸나무와 달리 꽃잎이 없다. 꽃에 화려함은 없지만 흰 꽃이 모여서 피는 모습은 그 나름의 운치가 있으며 둥그스름하고 윤기가 나는 녹색의 꽃도 매력이 있다. 잡목림풍의 정원을 만들 때 적합한 수목이다. 동향의 녹지를 1:2 정도로 나눈 위치에 층층나무를 배치한다. 그리고 공간이 크게 빈 쪽에는 꽃나무인 산수국이나 나무수국을 심고 그 앞쪽에 저목인 영산홍이나 둥근잎말도리를 심는다. 층층나무가 5월경에 꽃을 피우고 그 뒤를 이어 산수국의 꽃이 피기 때문에 오랫동안 꽃을 즐길 수 있다. 반대쪽에는 지피인 일본붓꽃이나 둥굴레를 심는다. 영산홍은 본래 계곡의 바위 표면 등에 자생하는 물을 좋아하는 수목이며 일본붓꽃도 계곡의 경사면이나 물가에서 볼 수 있는 여러해살이풀이다.

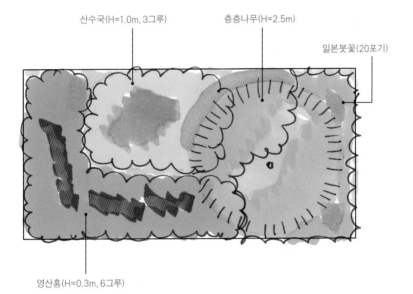

산수국(H=1.0m, 3그루)
층층나무(H=2.5m)
일본붓꽃(20포기)
영산홍(H=0.3m, 6그루)

3 | 둥근잎말발도리

4 | 영산홍

5 | 둥굴레

6 | 일본붓꽃

1 나무수국
H=1.0m

2 산수국
H=1.0m

3 둥근잎말발도리
H=0.5m

4 영산홍
H=0.3m

5 둥굴레

6 일본붓꽃

고목

중목

낙엽 활엽수

칠엽수

Aesculus turbinata

무환자나무과 칠엽수속

이명
칠엽나무, 일본칠엽수

수고
2.5m

수관폭
0.7m

흉고 둘레
12cm

꽃 피는 시기
5~6월

열매 익는 시기
10~11월

식재 적기
11~3월

환경 특성

	중간	
일조	양달 ──┼──	응달
습도	건조 ──┼──	습윤
온도	높음 ──┼──	낮음

식재 가능
전국 대부분 지역

자연 분포
한국, 일본

꽃

5~6월에 그해에 나온 가지 끝에서 길이 15~25센티미터의 원뿔꽃차례가 직립하며 지름 약 15밀리미터의 흰 꽃이 여러 개 달린다. 붉은꽃칠엽수의 꽃은 주홍색이다.

붉은꽃칠엽수

크고 붉은 꽃이 특징이다. 시장에서 마로니에로 유통하는 경우가 있다. 가시칠엽수와 붉은칠엽수의 교잡종으로 알려져 있다.

가시칠엽수

이명은 마로니에. 꽃은 약간 붉은 빛이 도는 흰색으로 칠엽수와 매우 닮았다. 유럽이나 미국에서는 가로수로 많이 사용된다.

1 | 망종화

2 | 드문히어리

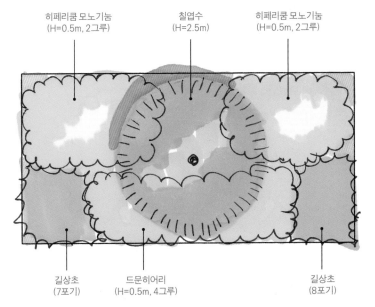

히페리쿰 모노기눔
(H=0.5m, 2그루)

칠엽수
(H=2.5m)

히페리쿰 모노기눔
(H=0.5m, 2그루)

길상초
(7포기)

드문히어리
(H=0.5m, 4그루)

길상초
(8포기)

3 | 히페리쿰 모노기눔

4 | 일본매자나무

5 | 길상초

6 | 맥문동

[식재 방법]
커다란 잎이 만들어내는 나무 그늘 공간

칠엽수의 20~30센티미터나 되는 커다란 잎과 둥글게 퍼지는 수형은 여름철에 아주 훌륭한 나무 그늘을 만들어 준다. 이런 특징을 살리기 위해 중목은 심지 않고 저목이나 지피 정도만 함께 심는다.

칠엽수는 크게 생장하기 때문에 중앙에 배치한다. 저목으로는 잎의 형태를 즐길 수 있는 둥근 잎의 드문히어리나 주걱 모양 잎의 일본매자나무, 버드나무와 잎 모양이 닮은 히페리쿰 모노기눔, 망종화를 심는다. 지피로는 길상초나 맥문동 등 풀처럼 생긴 것이 조합하기 좋다.

시장에서 더 많이 유통되는 붉은 꽃을 피우는 붉은꽃칠엽수를 사용하면 너무 화려한 인상을 줄 수 있다. 산뜻한 느낌을 연출하고 싶다면 흰색 꽃이 피는 칠엽수를 사용한다. 참고로 미국 원산인 붉은칠엽수는 수고가 그다지 높지 않고 덤불 같은 수형이 되기 때문에 사용법이 달라진다.

1 망종화
H=0.5m

2 드문히어리
H=0.5m

3 히페리쿰 모노기눔
H=0.5m

4 일본매자나무
H=0.3m

5 길상초

6 맥문동

고목

중목

캐나다채진목

Amelanchier canadensis

장미과 채진목속

이명
준베리

수고
2.5m

수관폭
0.8m

흉고 둘레
――

꽃 피는 시기
3~4월

열매 익는 시기
5~6월

식재 적기
12~3월

환경 특성

	중간	
일조 | 양달	──	응달
습도 | 건조	──	습운
온도 | 높음	──	낮음

식재 가능
전국 대부분 지역

자연 분포
북아메리카 북동부 원산

꽃

3~4월에 잎보다 먼저 가지 끝에 가느다란 5개의 꽃잎을 가진 흰 꽃이 피기 시작한다. 꽃은 수관을 덮듯이 핀다.

열매

지름 6~10밀리미터의 인과류 과실이 난다. 5~6월에 빨간색~자주색으로 익으며 달고 맛있어서 새도 즐겨 먹는다. 날로 먹어도 되고 잼이나 과일주를 만들어서 즐길 수도 있다.

채진목

이명은 독요나무. 혼슈 중남부~규슈에 분포한다. 4~5월경에 흰 꽃을 피우지만 캐나다채진목보다 꽃이 덜 달린다.

1 | 진주가침박달

2 | 망종화

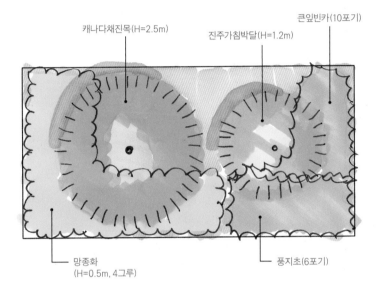

큰잎빈카(10포기)

캐나다채진목(H=2.5m)　진주가침박달(H=1.2m)

망종화
(H=0.5m, 4그루)

풍지초(6포기)

3 | 금사매 '히드코트'

4 | 풍지초

5 | 맥문동 '바리에가타'

6 | 큰잎빈카

[식재 방법]
이국의 투명감을 활용한다

캐나다채진목은 매우 강인하고 관리가 쉬운 수목이다. 또한 꽃이나 열매, 잎 등을 관상하기 좋아서 정원수로 이용하기에 안성맞춤이다. 특히 밝은 녹색의 둥근 잎이 사랑스러울 뿐만 아니라 너무 빽빽하게 달리지 않아서 투명감 있는 분위기를 만들어내기 때문에 이 점을 살리는 방향으로 녹지의 디자인을 궁리한다.

캐나다채진목은 녹지 공간의 중앙에서 조금 벗어난 곳에 배치한다. 약간 세로로 긴 직사각형 수형이기 때문에 곁에는 옆으로 퍼지는 수형인 진주가침박달을 심어서 균형을 맞춘다. 저목으로는 봄에 비교적 오랫동안 노란색 꽃을 피우는 망종화나 금사매 '히드코트'를 심는다. 지피로는 자주색 꽃이 차분한 분위기를 만들어내는 큰잎빈카와 바람에 살랑거리는 듯한 가늘고 긴 모습이 아름다운 풍지초 또는 맥문동 '바리에가타' 등을 심어서 디자인을 완성한다.

1 진주가침박달 H=1.2m
2 망종화 H=0.5m
3 금사매 '히드코트' H=0.5m
4 풍지초
5 맥문동 '바리에가타'
6 큰잎빈카

고목

중목

낙엽 활엽수

큰일본노각나무

Stewartia monadelpha

차나무과 노각나무속

이명
ㅡ ㅡ

수고
2.5m

수관폭
0.5m

흉고 둘레
다간 수형

꽃 피는 시기
6~7월

열매 익는 시기
10월

식재 적기
12~3월

환경 특성

	중간	
일조	양달 ——┼—— 응달
습도	건조 ——┼—— 습윤
온도	높음 ——┼—— 낮음

식재 가능
중부 지방

자연 분포
일본

꽃

6~7월에 잎겨드랑이에서 지름 2센티미터 정도의 흰 꽃이 아래를 향해 달린다. 꽃잎은 5장이며 뒷면에 부드러운 털이 나 있다. 노각나무보다 작다.

줄기껍질

수피는 연한 적갈색이며 매끄럽다. 늙으면 얇게 벗겨지는데 그 자국이 얼룩덜룩한 무늬가 되어서 관상하기 좋다.

노각나무

이명은 비단나무. 큰일본노각나무보다 생육 범위가 넓어서 입수하기 쉽다. 다실에도 잘 어울리며 꽃꽂이용으로도 사용된다(110페이지 참조).

1 | **서양석남화**

2 | **섬진달래**

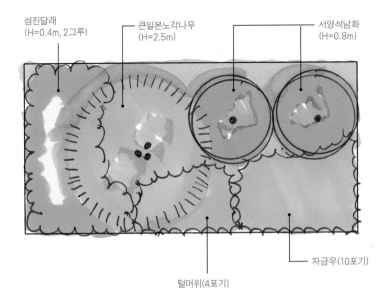

섬진달래
(H=0.4m, 2그루)

큰일본노각나무
(H=2.5m)

서양석남화
(H=0.8m)

자금우(10포기)

털머위(4포기)

3 | **산수국**

4 | **황매화**

5 | **털머위**

6 | **자금우**

[식재 방법]
응달진 정원이나 중앙 정원을 산뜻한 녹색 정원으로 만든다

큰일본노각나무는 산뜻한 인상의 정원을 만들고 싶을 때 많이 사용되는 낙엽 활엽수다. 일본풍 정원과 서양식 정원에 모두 잘 어울린다. 노각나무와 매우 닮았지만 꽃도 잎도 조금 작다.

큰일본노각나무도 노각나무와 마찬가지로 아침 햇살 같은 부드러운 햇볕을 좋아하고 석양볕을 싫어한다. 응달진 곳이나 중앙 정원에 심기에 적합한 수목이다.

중앙에서 살짝 벗어난 위치에 줄기가 3~5개 정도인 다간 수형의 큰일본노각나무를 심는다. 다간 수형은 자연스럽게 수형이 잡힌다.

다른 수목을 함께 심을 경우에는 밑동이 잘 보이게 해야 한다. 공간이 크게 빈 쪽에 서양석남화를 심고 저목으로는 응달에서도 잘 자라는 섬진달래나 황매화, 산수국을 선택한다. 지피로는 털머위나 자금우를 불규칙하게 배열해 큰일본노각나무의 앞쪽을 덮듯이 심는다.

1 서양석남화
H=0.8m

2 섬진달래
H=0.4m

3 산수국
H=0.4m

4 황매화
H=0.4m

5 털머위

6 자금우

낙엽 활엽수

고목

중목

털설구화

Viburnum plicatum var. tomentosum

연복초과 산분꽃나무속

이명
− −

수고
1.8m

수관폭
0.8m

흉고 둘레
− −

꽃 피는 시기
5~6월

열매 익는 시기
8~10월

식재 적기
3월 중순~4월

환경 특성

	중간	
일조	양달 ——┼—— 응달
습도	건조 ———┼— 습윤
온도	높음 ——┼—— 낮음

식재 가능
중부 지방

자연 분포
일본, 중국

설구화

일본에서 먼 옛날부터 재배되어 온 원예종으로 꽃꽂이에도 이용된다. 가지 끝에 수국을 닮은 꽃이 여러 개 모여 달린다. 털설구화보다 화려한 인상이다.

털설구화 '핑크 뷰티'

털설구화의 원예종. 꽃이 피기 시작했을 때는 흰색이지만 서서히 핑크색으로 변화한다. 꽃이 많이 달려서 정원수로 적합하다. 도호쿠에서 규슈까지 식재 가능하다.

분단나무

연복초과 산분꽃나무속. 이명은 분단. 자연풍의 정원에 주로 이용되며 고목의 앞쪽이나 밑동에 심는 용도로 사용된다. 서늘한 기후를 좋아한다.

1 | 황매화

2 | 산수국

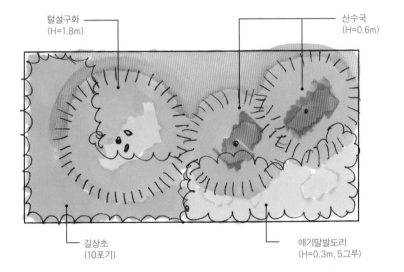

털설구화
(H=1.8m)

산수국
(H=0.6m)

길상초
(10포기)

애기말발도리
(H=0.3m, 5그루)

[식재 방법]

촉촉한 흰 꽃의
정원

털설구화는 야산의 강가에 출현하는 낙엽 활엽수다. 5~6월에 수국과 비슷한 귀여운 흰 꽃을 즐길 수 있는 꽃나무다. 꽃이 지면 빨간 열매가 맺혀서 열매도 즐길 수 있다.

털설구화는 덤불 모양으로 자라기 때문에 수고는 그다지 높아지지 않는다. 석양볕이나 건조한 환경을 싫어하기 때문에 석양볕이 닿지 않는 동쪽에서 남쪽에 걸친 녹지가 식재에 적합하다.

녹지를 1:2 정도로 나눈 위치에 털설구화를 배치한다. 공간이 넓게 빈 쪽에는 저목인 산수국이나 황매화, 국수나무, 애기말발도리를 심고 털설구화의 주위는 길상초로 채운다.

털설구화와 비슷한 꽃을 피우고 잎이 큰 분단나무도 같은 용도로 사용할 수 있지만, 털설구화에 비해 더운 곳을 싫어하기 때문에 서늘한 지역에서만 이용할 수 있다.

설구화는 털설구화보다 수형이 작아서 2그루를 함께 심는 편이 좋다.

3 | 국수나무

4 | 애기말발도리

5 | 길상초

6 | 일본붓꽃

1 황매화
H=0.8m

2 산수국
H=0.6m

3 국수나무
H=0.5m

4 애기말발도리
H=0.3m

5 길상초

6 일본붓꽃

고목

중목

팥배나무

Aria alnifolia

장미과 팥배나무속

이명
운향나무, 산매자나무,
물앵도나무

수고
3.0m

수관폭
1.0m

흉고 둘레
12cm

꽃 피는 시기
5~6월

열매 익는 시기
10월

식재 적기
11~1월

환경 특성

		중간	
일조	양달	——⊢———	응달
습도	건조	————⊢—	습윤
온도	높음	———⊢——	낮음

식재 가능
전국 대부분 지역

자연 분포
한국, 일본, 중국

꽃

5~6월경에 새로운 가지의 끝에
서 복산방꽃차례가 나오며 지름
1~1.5센티미터의 매화처럼 생긴
흰 꽃을 5~20개 피운다. 꽃잎은
원형이고 활짝 열린다.

열매

길이 8~10밀리미터의 타원형으
로 가을에 빨갛게 익는다. 과실이
작아서 '팥'이라는 이름이 붙었다.
표면에는 배 같은 흰색의 껍질눈
이 있다.

돌배나무

장미과 배나무속. 배의 원종으로
혼슈~규슈의 산지에 자생한다.
꽃은 희고 열매는 2~3센티미터
로 작을 뿐만 아니라 과육도 딱딱
하고 시큼하기 때문에 식용으로는
그다지 적합하지 않다.

1 | 털설구화

2 | 통조화

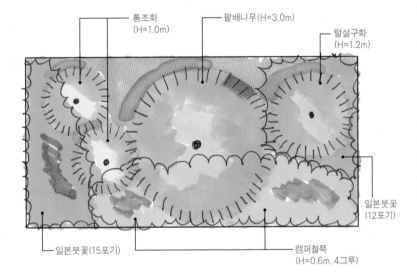

통조화
(H=1.0m)

팥배나무(H=3.0m)

털설구화
(H=1.2m)

일본붓꽃
(12포기)

일본붓꽃(15포기)

캠퍼철쭉
(H=0.6m, 4그루)

[식재 방법]
잡목림 느낌의 정원에서 다채로운 꽃을 즐긴다

팥배나무라는 이름은 들어 본 적이 없을지도 모르지만, 열매뿐만 아니라 봄의 흰 꽃과 가을의 단풍도 즐길 수 있는 좋은 수목이다. 특히 정원을 잡목림 스타일로 디자인하고 싶을 때는 꼭 검토했으면 하는 낙엽 활엽수다.

팥배나무는 석양볕을 싫어하기 때문에 남동 방향의 정원이 적합하다. 함께 심을 수목도 낙엽 활엽수를 중심으로 질서정연하게 생장하지 않는 것을 고른다.

꽃나무를 섞을 경우는 팥배나무와 꽃이 피는 시기가 조금 다른 수종을 선택한다. 색이 진한 것, 인상이 화려한 것은 피하고 통조화나 털설구화, 퍼진철쭉 등 차분한 것을 고른다.

저목으로는 캠퍼철쭉이나 황매화, 지피로는 일본붓꽃을 심어서 야산과 같은 풍경을 만든다.

3 | 퍼진철쭉

4 | 캠퍼철쭉

5 | 황매화

6 | 일본붓꽃

1 털설구화
H=1.2m

2 통조화
H=1.0m

3 퍼진철쭉
H=0.6m

4 캠퍼철쭉
H=0.6m

5 황매화
H=0.4m

6 일본붓꽃

낙엽 활엽수

풍년화

Hamamelis japonica

고목

중목

조록나무과 풍년화속

이명
만작, 풍작

수고
2.5m

수관폭
0.8m

흉고 둘레
— —

꽃 피는 시기
2~3월

열매 익는 시기
10~11월

식재 적기
10~11월, 2~3월

환경 특성
	중간	
일조 양달	—	응달
습도 건조	—	습윤
온도 높음	—	낮음

식재 가능
전국 대부분 지역

자연 분포
일본

잎(노란 잎)

녹색의 잎이 어긋나기로 달리며 엽질은 두껍다. 잎몸은 길이 4~12센티미터의 능상원형~광도란형이다. 끝은 뾰족하고, 기부는 좌우 비대칭이다. 가장자리는 물결 모양의 톱니가 두드러진다.

꽃

3~4월에 잎이 나기 전에 잎겨드랑이에서 노란색 꽃을 1개 또는 수 개 피운다. 꽃잎은 4장으로 끈처럼 가늘며 길이는 약 2센티미터다.

붉은상록풍년화(생울타리)

상록수. 최근에는 생울타리로 자주 이용된다. 꽃이 피는 시기인 5월에는 생울타리 전체를 뒤덮듯이 꽃이 핀다. 잎이 붉은색인 것과 연한 녹색인 것이 있다.

1 | 상록풍년화

2 | 붉은상록풍년화

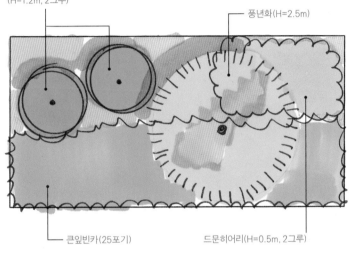

상록풍년화 또는 붉은상록풍년화
(H=1.2m, 2그루)

풍년화(H=2.5m)

큰잎빈카(25포기)

드문히어리(H=0.5m, 2그루)

[식재 방법]
초봄에 피는 노란 꽃을 부각시키는 동시에 균형을 고려하면서 정원을 디자인한다

풍년화는 초봄인 2월경에 길쭉한 끈 모양의 꽃잎이 특징적인 노란색 꽃을 피운다. 아직 꽃이 적은 시기이기에 눈에 띄는 꽃나무다.

풍년화는 크게 자라지는 않지만 덤불 형태로 퍼지듯 자라기 때문에 넓은 식재 공간이 필요하다. 햇볕이 잘 드는 곳에 녹지를 확보하고 1:2 정도로 나눈 위치에 풍년화를 심는다.

중목이나 저목을 많이 조합하면 너무 어수선해진다. 풍년화가 돋보이도록 공간이 크게 빈 쪽에 인상이 비슷한 상록풍년화를 2그루 심는 정도로 그치자.

풍년화도 상록풍년화도 밑가지가 분기되기 때문에 간섭하지 않도록 저목이라면 낮은 높이로 억제할 수 있는 드문히어리를, 지피라면 아욱메풀이나 아주가, 큰잎빈카를 선택한다.

3 | 드문히어리

4 | 큰잎빈카

5 | 아주가

6 | 아욱메풀

1 상록풍년화
H=1.2m

2 붉은상록풍년화
H=1.2m

3 드문히어리
H=0.5m

4 큰잎빈카

5 아주가

6 아욱메풀

특 수 수 목

고목

중목

대나무류

Phyllostachys edulis

맹종죽

벼과 왕대속

이명
죽순대

수고
3.5m

수관폭
— —

흉고 둘레
— —

꽃 피는 시기
— —

열매 익는 시기
— —

식재 적기
3~4월

환경 특성

	중간	
일조: 양달		응달
습도: 건조		습윤
온도: 높음		낮음

식재 가능
전국 대부분 지역

자연 분포
중국 원산

오죽

벼과 왕대속. 수고 2~3미터의 중형 대나무류다. 검은색 줄기를 관상하기 좋다. 먼지떨이의 자루 등에 사용된다. 말끔한 흑색이 되려면 반응달의 환경이 필요하다.

사방죽

벼과 한죽속. 사각 대나무라고도 한다. 수고 10~12미터. 줄기가 사각형이 되는 것이 특징이다. 마디에 가시 모양의 돌기가 있다. 죽순은 가을에 나오며 식용으로 사용된다.

금죽

벼과 왕대속. 수고 10~12미터. 줄기가 금색처럼 빛나는 노란색이 되는 것이 특징이다. 세공용 재료로서는 밝고 화려하다. 1년차의 줄기가 가장 싱싱하고 아름답다.

1 | 아구세

2 | 키작은비치조릿대

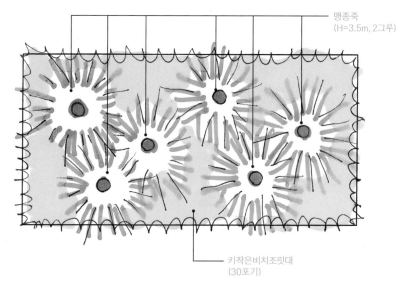

맹종죽
(H=3.5m, 2그루)

키작은비치조릿대
(30포기)

그 밖의 대나무류

[식재 방법]

감상 포인트를 기준으로 대나무의 종류를 결정한다

대나무류에는 맹종죽이나 왕대처럼 높이 7미터가 넘는 대형과 오죽이나 봉래죽처럼 높이 3미터 전후의 중형이 있다. 2층에서 감상하고 싶을 때는 대형을, 1층에서 즐기고 싶을 때는 중형을 선택하면 좋다. 다만 줄기를 즐기고 싶다면 1층이라도 대형을 선택한다.

일반적으로 대나무 정원을 만들 때는 대나무만 심고 저목이나 지피 대신 모래나 칩, 대나무 잎을 밑동 부분에 까는 정도로 마무리한다. 지피를 심고 싶다면 키작은비치조릿대나 아구세 등 분위기가 비슷한 것을 선택하자.

대나무를 심을 때 주의할 점은 햇볕이다. 줄기 부분은 강한 햇볕이 닿는 것을 싫어하지만 머리 부분은 반대로 햇볕을 좋아한다. 중앙 정원이라면 이런 환경을 맞추기 용이하다. 다만 대나무는 건조한 환경을 싫어하기 때문에 보수성(保水性)을 유지하도록 주의해야 한다.

대나무류는 무리를 기준으로 생각하면 수명이 길지만 한 그루의 수명은 7년 정도다. 다음 줄기가 어디에서 나올지는 통제가 불가능하기 때문에 생울타리처럼 길게 줄지어 심기는 어렵다.

왕대

구갑죽

등죽

포대죽

1 아구세

2 키작은비치조릿대

특 수 수 목

고목

중목

야자류

Phoenix canariensis

카나리아야자

종려과 대추야자속

이명
피닉스야자

수고
2.5m

수관폭
――

흉고 둘레
――

꽃 피는 시기
5~6월 중순

열매 익는 시기
9~10월

식재 적기
4월 중순~7월 초순

환경 특성

	중간	
일조│양달	――┼――	응달
습도│건조	――┼――	습윤
온도│높음	┼――――	낮음

식재 가능
제주도

자연 분포
카나리아 제도 원산

로부스타워싱턴야자

미국, 멕시코 원산의 야자. 잎은 손바닥 모양이며 내한성이 있다. 따뜻한 지역에서는 워싱턴야자라고 부르며 정원수, 공원수로 많이 재배한다.

왜종려

도호쿠 남부 이남의 혼슈~규슈에 분포한다. 응달에 강하고 내조성, 내연성(耐煙性)이 뛰어나다. 새 등이 종자를 퍼뜨려서 잡초처럼 녹지 내에 자란다.

소철

규슈 남부, 오키나와에 자생한다. 오래전부터 일본의 정원에서 이용되어 왔다. 겨울철에는 추위를 견딜 수 있도록 전체를 짚으로 감아 준다.

1 | 금잔디

2 | 세인트 어거스틴 잔디

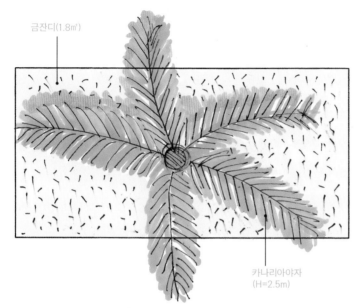

금잔디(1.8㎡)

카나리아야자
(H=2.5m)

[식재 방법]
야자류로 만드는
열대풍의 정원

야자류라고 하면 열대 지역 식물이라는 이미지가 강하지만 내한성이 있는 것을 고르면 온대 지역에서도 식재가 가능하다. 카나리아야자와 로부스타 워싱턴야자가 대표적인 수종으로, 햇볕을 좋아하고 내조성도 높아 해안 부근에서도 심을 수 있다. 그 밖에 규슈 남부~오키나와에 걸쳐 자생하는 소철이 오래전부터 정원수로 이용되어 왔다. 앞의 두 수종에 비해 내한성이 있어서 약간 응달진 곳에서도 식재가 가능하다.

야자류는 줄기가 굵어지고 잎도 넓게 퍼지기 때문에 좁은 정원에는 심을 수 없다. 하부는 저목으로 덮으면 균형이 나빠지므로 지피 정도로 마무리한다. 카나리아야자나 로부스타 워싱턴야자의 경우는 밑동 부분에도 햇볕이 잘 닿아 쉽게 건조해지기 때문에 잔디류를 심는 것이 좋다. 혼슈라면 금잔디나 들잔디, 오키나와라면 세인트 어거스틴 잔디가 적당하다. 약간 응달진 곳이라면 소철을 심고 바닥은 왜란, 맥문동, 키작은비치조릿대로 마무리한다.

3 | 들잔디

4 | 키작은비치조릿대

5 | 맥문동

6 | 왜란

1　금잔디

2　세인트 어거스틴 잔디

3　들잔디

4　키작은비치조릿대

5　맥문동

6　왜란

수종 색인

Tree species index

식재 디자인 대도감

1판 1쇄 인쇄   2022년 4월 6일
1판 1쇄 발행   2022년 4월 18일

지은이 야마자키 마사코
옮긴이 이지호
펴낸이 김기옥

실용본부장 박재성
편집 실용1팀 박인애
영업 김선주
커뮤니케이션 플래너 서지운
지원 고광현, 김형식, 임민진

디자인 제이알컴
인쇄 · 제본 민언프린텍

펴낸곳 한스미디어(한즈미디어(주))
주소 121-839 서울시 마포구 양화로 11길 13(서교동, 강원빌딩 5층)
전화 02-707-0337 | 팩스 02-707-0198 | 홈페이지 www.hansmedia.com
출판신고번호 제 313-2003-227호 | 신고일자 2003년 6월 25일

ISBN 979-11-6007-788-9   13520

책값은 뒤표지에 있습니다.
잘못 만들어진 책은 구입하신 서점에서 교환해드립니다.